苹果手机
摄影与视频拍摄
从入门到精通

雷波◎编著

P H O T O G R A P H Y

U0221074

化学工业出版社
·北京·

在苹果手机（以下称iPhone）简洁的拍摄界面中，其实隐藏着丰富而强大的功能。有的功能隐藏在设置菜单中，有的功能则存在于小小的图标之下。因此，本书将深挖iPhone那些强大却又鲜为人知的拍摄功能，如HDR、夜景功能、实况功能、超取景框功能等，并进行详细讲解。

掌握了拍摄功能不意味着能拍出好照片。本书除了对基本的构图、光影、色彩等内容进行讲解外，还总结了人像、风光、花卉、建筑、美食、静物共六大题材的拍摄技法，并单独通过两章内容分别讲解抖音时尚人像和荷花的手机拍摄技法，从而将强大的功能应用于实践，让读者更高效地学习iPhone摄影。

随着短视频和直播平台的发展，越来越多的朋友开始使用手机录视频、做直播，因此，本书专门通过两章的内容来讲解短视频的前期拍摄与后期制作技巧，以及手机直播需要具备的基本条件，让读者在新媒体时代中不落伍。

最后，本书还通过iPhone自带的后期功能，以及Snapseed和VSCO两大主流后期APP讲解了照片后期的基本流程和实用技法，让读者懂得后期的重要性，并能够让拍摄的照片更具美感。

图书在版编目(CIP)数据

苹果手机摄影与视频拍摄从入门到精通/雷波编著. —北京：化学工业出版社，2020.7（2024.11重印）
ISBN 978-7-122-36963-5

Ⅰ.①苹… Ⅱ.①雷… Ⅲ.①移动电话机-摄影技术 Ⅳ.①TN929.53

中国版本图书馆 CIP 数据核字(2020)第 084598 号

责任编辑：孙 炜 李 辰 　　　　　　　装帧设计：王晓宇
责任校对：宋 玮

出版发行：化学工业出版社（北京市东城区青年湖南街 13 号 邮政编码 100011）
印 　装：天津裕同印刷有限公司
710mm×1000mm　1/16　印张15¹/₂　字数387千字　2024 年 11 月北京第 1 版第 9 次印刷

购书咨询：010-64518888 　　　　　　　售后服务：010-64518899
网 　址：http://www.cip.com.cn
凡购买本书，如有缺损质量问题，本社销售中心负责调换。

定 　价：99.00 元 　　　　　　　　　　　版权所有　违者必究

前 言

在手机摄影领域，最具权威的摄影赛事之一就是"iPhone Photography Awards"，简称IPPA。该赛事由苹果公司创办，并且只有使用iPhone拍摄的照片才允许参赛。通过IPPA的获奖作品，可以看到iPhone在拍摄方面的无限潜力。更难能可贵的是，能拍出如此多优秀作品的手机，其拍摄界面非常简单，既没有复杂的按键，也没有繁多的功能选择。

没有复杂的按键和功能选择并不代表iPhone没有强大的拍摄功能。为了让界面简单与功能强大这两个优点同时集中在一部手机上，iPhone将大量功能设计为在检测到特定拍摄场景时自动使用，如HDR功能、夜景模式等。而对这些功能的手动设置，又都隐藏在每一个毫不起眼的图标之中。因此，在本书中，笔者将深挖iPhone拍摄功能的使用方法，并进行详细讲解。

另外，iPhone还具有较强的视频拍摄能力，如4K视频、慢动作视频、延时视频等均可使用iPhone进行拍摄。再加上目前非常流行用手机录制短视频和直播，为了与时俱进，本书单独通过一章的内容，对视频拍摄的前后期，以及手机直播的基本方法进行了详细讲解。

掌握了iPhone的各种拍摄功能并不意味着能拍出好看的照片，只有具备一定的构图基础，了解了光影对画面的影响，懂得色彩对于画面

情绪传达的重要作用，才知道如何利用画面去表现美，从而拍出优秀的摄影作品。为此，在本书中通过人像、风光、花卉、美食等大量实战案例，将拍摄功能与美学理论运用到实际拍摄中，并通过精美的例图直观地向读者展示拍摄效果，让iPhone摄影学习变得更简单、高效。

正所谓前期是谱曲，后期是演奏。一张优秀的摄影作品往往少不了细致的后期处理。因此，本书的最后一章，通过实际案例专门针对iPhone自带的后期软件，以及目前流行的后期APP：Snapseed、VSCO进行了详细讲解。

相信通过本书的学习，读者可以全面掌握iPhone从拍摄照片到录制视频的实用功能，并且懂得利用后期，为图片或者视频进行二次创作，从而拍出更具美感的画面。

为了方便及时与笔者交流与沟通，欢迎读者朋友加入光线摄影交流QQ群327220740。关注我们微信公众号"好机友摄影"，或在今日头条、百度中搜索"好机友摄影学院"以关注我们的头条号、百家号，每日接收新奇、实用的摄影技巧，也可以拨打电话13011886577（同微信号）与我们沟通交流。

编 者

2020年2月

目录

第 1 章 如何用手机拍出好照片

第 2 章 掌握 iPhone 基本拍照 方法

第 3 章 iPhone 进阶摄影功能解析

第 4 章 用 iPhone 拍出高质量视频

第 5 章 拍摄 Vlog 视频或微电影需要了解的镜头语言

第6章 夜景与慢门拍摄技法

第7章 理解照片美感的来源：构图、用光与色彩

第 8 章 美女、儿童与纪实人像拍摄技法专题

第9章 抖音上流行的炫酷人像拍摄技法专题

第10章 用手机拍出大美风光、花卉与建筑

第 11 章 用手机拍好圣洁的荷花

第 12 章 用手机拍摄精致生活：美食与静物篇

第 13 章 必须掌握的实用照片后期技法

第1章
如何用手机拍出好照片

本章扩展学习视频

1. 从不同角度认识好照片

2. 拍摄前的预构想及后期对于摄影的意义

3. 摄影学习路径及拍摄前应该有的想法

注意：如果扫码不成功，可尝试遮挡其他二维码。

拍出好照片的 6 大思维习惯

"拍到"比"拍好"更重要

与使用专业的数码单反相比，使用手机拍摄的照片画质肯定较差。因此，使用手机拍照片要扬长避短，既然画质比不过，就要利用手机便携的优点去捕捉生活中的精彩瞬间。

纵观那些在历届手机摄影比赛中获奖的优秀作品，会发现照片中的场景往往都是稍纵即逝的。其中不乏一些稍有模糊，或者构图、用光不够精妙的画面，但依旧不妨碍其直击人心。

因此，从某种角度来看，"拍到"比"拍好"更重要。

⚠ 对于稍纵即逝的瞬间，"拍到"才是第一目标

有趣比好看更重要

如果一张照片的美感并不强，但很有趣，能够让观者会心一笑，也不失为一张优秀的作品。在各大分享平台高速发展的今天，精彩的摄影大片层出不穷，所以，好看的画面并不稀缺，反倒是有意思的照片很少。

这类照片往往能吸引观众深层次的注意力，激发他们的想象力，给人以惊喜。

但并不是说画面有趣、有意思了，就可以完全抛弃对美感的考虑，而是依然需要拍摄者通过良好的构图将有趣的画面以一定的形式美感表达出来，否则，凌乱的画面只会埋没了照片有趣的关注点。

例如，右侧这张照片，拍摄者通过一个巧妙的视角和构图，将路灯、绿植和光晕组成了好似人的一张脸，并且具有一定的形式美感，让人不禁会心一笑。如果没有良好的构图，如视角不正或者加入了其他元素，就很难将拍摄者的意图表达出来，而给人一种灯就是灯，太阳就是太阳的感觉，那么这张照片也就拍摄失败了。

⚠ 摄影：周国文

黑白有时比彩色更耐看

一张彩色照片的色彩会吸引、削弱观众对于形象的注意力。因此，当一张照片没有色彩之后，观者就会将更多的注意力集中在事物形象上，从而让表达更直接，更彻底。

由于手机的画质不高，所以，在弱光下拍摄时很容易产生噪点。如果将照片转换成黑白的，这些噪点则会起到增加画面质感的效果。

必须强调的是，不是任何题材，任何光线下拍摄出来的照片，转换成黑白的都会好看。只有那些结构清晰，光影对比比较鲜明，质感与纹理明显的画面转化成为黑白照片时，才会更加耐看。

⌃ 黑白照片可以更好地突出画面影调

尽量让照片与众不同

其实，无论是拍摄有趣的照片，还是拍摄事物的局部，又或者是将照片转化成为黑白，目的只有一个，就是使照片更与众不同、更有看头，以吸引观众的注意力。因为在这个读图时代，每一个有阅读能力的人，都会被海量的照片所包围，要想在这样的照片中脱颖而出，照片就一定要有自己的特点。从这一点来说，每一个摄影师都可以为达到这个目的，在法律与社会道德允许的情况下，充分利用各种摄影技巧和方法。

所以，在拍摄照片之前，如果有可能，应该认真考虑这张照片中的景物是因为有趣，因为美，还是因为独特、罕见，又或者是因为丑而引起观众的注意力。在拍摄之前，如果想明白了自己的照片与别人拍的照片不同之处在什么地方，那么成功的概率就会大很多。

⌃ 画面中唯一的黑衣人物既是点睛之笔，又是与其他照片的不同之处

让照片引发思考

摄影作为一种艺术形式，除了其客观记录的功能之外，还应该充分发挥拍摄者的主观性。通俗来讲，就是拍摄者运用摄影技法，通过照片来表达自己对某种事物的看法。

一张有表达、有内涵的照片就像一瓶老酒，可以让观者品味很长时间。

当然，"让你的作品使别人陷入思考"是一件比较难的事情，并不是每一位拍摄者都可以做到。这首先要求拍摄者本身要善于思考，对事物有自己的看法。如果拍摄者本身就没有想法，没有对事物进行思考，那么利用摄影去表达也就无从谈起了。

⌃ 这张照片让我们回到了过去，回到了自己的小时候。那个时候我们在烟雾中寻找没有爆炸的爆竹，目标是那么明确；而长大后的你也许就站在画面正中的浓雾里，感到迷茫。摄影：林伟婷

让照片有诗的意境

宋代张舜民有诗云："诗是有声画，画是有形诗"。可见，自古至今，便有诗书画同源之说。将绘画作品换成摄影作品之后，也一样适用于诗画同体的理论。

比如，一张沙漠照片，如果照片中的景物恰好吻合"大漠孤烟直，长河落日圆"两句诗描述的景象就再妙不过了，即使无法吻合，如果观众能够从照片中体会出粗犷雄浑的壮美意境也很不错。

并不是每一个欣赏照片的人都能够熟读诗词，因此，即使摄影师拍出来的照片就是某一句诗词的真实写照，观者也不一定就会想起这样的一句诗词。但是绝大部分观者能够体会诗词所蕴含的意境，正如前文所说，对于沙漠照片，即使观者不知道"大漠孤烟直，长河落日圆"这句诗，但是能够从照片中体会到这两句诗蕴含的壮美意境，这样的照片也是成功的。

⌃ 几片银杏叶不禁让人感受到"山僧不知数甲子，一叶落知天下秋"所蕴含的以叶悲秋的意境

拍出好照片的 4 个技巧

让照片的主体突出

绝大多数手机摄影爱好者在日常拍摄时总是贪大求全，努力将看到的所有景物都"装"到照片中，这样导致照片主体不突出，即观众不知道照片要表现的对象是哪一个。这样的照片当然也就无法给人留下深刻印象。

要避免这个问题，需要认真学习本书第5章讲解到的若干种突出主体的方法，并将其灵活运用在日常拍摄中。

让照片有形式美感

对于优秀的摄影作品来说，一定会有较强的画面美感，这个共同点并不会因为照片拍摄器材的不同而改变。换句话说，一幅摄影作品被发布到网络上或者上传到微信的朋友圈后，绝大多数人对于这张照片的优劣评判标准，仍然是构图是否精巧、光影是否精彩、主题是否明确、色彩是否迷人等。

所以，即使用手机拍摄，也不可以在画面的优美方面降低要求。

让照片亮度正常

有一个专业摄影名词叫"曝光"，通俗地讲就是一张照片的亮度。如果一张照片看上去黑乎乎的，就是"欠曝"；看上去白茫茫一片就是"过曝"；一张亮度合适的照片就称为"正常曝光"。无论照片是黑乎乎一片还是白茫茫一片都属于失败品，因此，让照片正常曝光尤为重要。

左下图所示为一张典型的欠曝照片，画面整体亮度不足，并且大面积较暗的区域黑乎乎一片，也就是常说的暗部细节缺失。右下图所示为一张典型的过曝照片，天空中的云彩已经完全看不到细节。

让照片清晰

除非故意拍出动态的模糊效果，否则画面清晰是一张照片的基本要求。

导致画面模糊主要有3个原因。第一个原因是手抖而导致在拍摄过程中手机出现晃动；第二个原因是景物运动速度过快导致的画面模糊；第三个原因则是对焦不准，没有对希望清晰的区域进行准确合焦。

只要注意以上3个问题，就可以拍摄出一张画面清晰的照片。

第 2 章
掌握 iPhone 基本拍照方法

本章扩展学习视频

1. 关于裁剪照片的知识与技巧

2. 如何通过后期处理纠正歪斜的照片

注意：如果扫码不成功，可尝试遮挡其他二维码。

拍得模糊怎么办？

　　除非为了某些艺术效果而故意将照片拍模糊，其余情况都要求照片必须清晰。很多摄友在刚开始使用手机拍照时，经常会发现整张照片都是模糊的，或者该清晰的地方模糊了，该模糊的地方反而清晰了。下面这 4 个方法教您拍摄清晰的照片。

使用正确的持机姿势

　　如果拍摄的照片总是"糊"的，这除了与拍摄时的光线有关系（如光线比较暗）以外，还因为没有使用正确的拍摄姿势。

⚠ 稳定的持机方式：采用横幅构图时，可以用双手握住手机，以保持手机稳定

⚠ 不稳定的持机方式：如果采用这种方式持机和释放快门，很容易导致画面模糊

⚠ 稳定的持机方式：采用竖幅构图时，左手握住手机，并且用大拇指按下音量按键以释放快门

⚠ 不稳定的持机方式：对于较大屏的手机，不建议用右手持机，这样容易导致手机晃动

> **提示**
>
> 　　由于手机的图像处理速度限制，在按下快门按钮后一定不要立刻移动手机，否则拍出来的照片有可能发虚，应该在按下拍摄按钮后继续稳定持机 2~3 秒，给手机处理照片的时间。

使用外置设备稳定手机

虽然利用 iPhone 的防抖技术可以实现在弱光环境下手持拍摄，但在进行长时间曝光时依然会造成画面模糊。此时就需要使用外置设备来对手机进行固定，并尽量减少拍摄过程中产生的抖动。

⬆ 八爪鱼手机三脚架

三脚架

三脚架是最常用的稳定相机的设备，随着手机摄影的兴起，市场上也出现了很多手机摄影专用的三脚架，它们更小巧，也更灵活。

右上图所示的八爪鱼手机三脚架与传统三脚架相比，可以将手机固定在更多的位置上。

还有集自拍杆与稳定手机功能于一身的三脚架，使用起来更方便。

⬆ 既是自拍杆又是三脚架

稳定器

稳定器相比三脚架，除了可以稳定手机拍摄慢门照片，还可以在录制视频时让手机更平稳，即便在移动中依旧可以录制出相对稳定的画面。

⬆ 稳定器

速控耳机

带速控的耳机可以通过按接听按键或者音量键实现照片拍摄，从而避免了用手指按快门按钮时对手机造成的震动。

另外，在使用速控耳机进行街拍时，由于一只手放在耳机的速控按钮上，进一步降低了被发现的可能性，可以让街拍照片更客观，人物表情也会更自然。

⬆ 线控耳机

给对焦系统反应时间

iPhone 对焦过程需要一点时间。相信大家都有这样的体验，用 iPhone 拍摄一个对象后，将手机转向另外一个对象，这时手机屏幕中的对象将会有一个从模糊变成清晰的过程，这个从模糊变成清晰的时间，就是手机的对焦系统的反应时间。了解这一点之后，大家就应该懂得，在拍摄时，给 iPhone 对焦系统一点时间，而不是在从模糊变清晰的过程中匆忙按下拍摄键。

ⓐ 当确定已经准确合焦到主体后，再按下快门按钮进行拍摄

对焦位置要正确

拍摄一张清晰的照片，除了要用各种方法保证手机的稳定性，还要确保对焦位置是正确的。

用 iPhone 对焦很简单，只需在拍照时用手指触碰一下屏幕，就会看到屏幕上出现一个方框，这个方框的作用就是对其所框住的景物进行自动对焦和自动测光，也就是说，与方框内的景物在同一平面上的区域均是清晰的，在纵深关系上，方框前后的景物会显得稍模糊一些。

许多摄影爱好者之所以拍出的照片是模糊的，有一部分原因就是没有认真对焦，即手指点击的地方并不在自己希望的照片应该清晰的地方。

ⓒ 用手指点击一下前景中的松叶，使黄色方框对准它进行对焦，得到的画面中前景清晰，背景的石壁模糊

ⓒ 用手指点击一下背景的石壁，使方框对其进行对焦，此时得到的画面就是背景中的石壁清晰，前景的松枝模糊

亮的地方纯白、暗的地方纯黑怎么办？

用 iPhone 拍摄的照片有的特别亮，画面一片白；有的又很暗，画面一片黑，也不知道该如何调整，感觉照片亮度就是看手机"心情"。出现这种情况的原因在于手机识别和判断的画面亮度与实际情况出现了偏差。通过以下几种方法可以有效杜绝这种情况，使 iPhone 拍摄的照片亮度均在拍摄者的掌控之中。

测光位置要合适

使用 iPhone 拍照时，用手触碰屏幕会出现一个方框，这个方框除了有对焦的作用，还可以对其框住的景物进行自动测光，当点击屏幕上亮度不同的区域或景物时（小方框的位置也会随之改变），照片的亮度会跟着发生变化。

想要调整画面的亮度，可采取如下方法：

若想拍出较暗的画面效果，可对准浅白色（较亮）的物体进行测光，也就是说要将方框移动到浅白色（较亮）的物体上。

若想拍出较亮的画面，则可对准深黑色（较暗）的物体进行测光，也就是说要将方框移动到深黑色（较暗）的物体上。

需要注意的是，此时测光点与对焦点是同一区域。如果要让画面亮度正常的测光位置和对焦位置不同时该如何处理呢？

解决这个问题有两种方法：一种方法是利用曝光补偿功能，另一种方法是利用点测分离功能。下文将对这两个功能进行详细讲解。

⚠ 拍摄时如果使对焦框对准较亮的天空进行测光和对焦，天空的亮度正常，但画面左侧的阴影区域则会因为太暗而导致细节缺失

⚠ 拍摄时如果使用对焦框对准画面左侧较暗的区域进行测光和对焦，虽然暗部细节丰富了，但天空部分则会完全过曝，从而失去细节

⚠ 拍摄时如果使对焦框对准具有一定亮度的区域进行测光和对焦，则天空亮度正常，并且画面中左侧的阴影部分也具有一定的细节表现，属于该画面较优的测光位置

⚠ 选择合适的测光位置可在大多数情况下获得理想的画面亮度

一个框对焦、一个框测光

使用 iPhone 拍摄时，默认测光与对焦的位置是相同的，即都在屏幕黄色方框所在位置。但在拍摄某些场景时，测光与对焦位置不能相同。例如，拍摄剪影时，测光位置应该设在较亮的区域，而对焦位置则往往设在较暗的区域。

iPhone自带的拍照功能并不能达到单独选择对焦和测光位置的目的，需要通过第三方APP 如ProCamera，才可以实现类似的功能。

打开ProCamera后，点击屏幕选择对焦位置，此时界面上会显示重叠在一起的黄色和蓝色两个框，其中蓝色为"对焦框"，黄色为"测光框"。

用手指按住这两个框所在位置并拖动，即可

将蓝色的对焦框分离出来并单独选择对焦位置。

蓝色的对焦框分离出来后，也可以单独拖动黄色的测光框选择测光位置，从而达到单独确定对焦和测光区域的目的。

▲ 第三方 APP：ProCamera

❶ 选择对焦位置后，对焦框"蓝框"和测光框"黄框"是重叠在一起的

❷ 通过蓝色"对焦框"可选择对焦的位置

❸ 通过黄色"测光框"可选择测光的位置，测光位置不同，画面亮度出现变化

> **提示**
>
> 由于苹果机型自带相机的功能比较少，所以本书中的很多功能均需要借助第三方 APP：ProCamera 和 ProCam 6 实现。为了节约书籍篇幅，省去重复信息，APP 下载界面只在首次提到时进行介绍。

黄色圆圈为对焦区域。对焦在人像上确保前景清晰

白色圆圈为测光区域。测光在较亮区域，确保画面剪影效果突出

❯ 通过对焦与测光分离功能，可以对背景较亮的天空进行测光，并对主体的人物进行对焦拍摄

滑动屏幕快速调整亮度

在绝大多数拍摄模式下，当点击画面进行拍摄时，方框附近会出现一个"小太阳"图标，上下滑动"小太阳"图标或者按住屏幕上下拖动均可增加或减少画面亮度。

⚠ 使用 iPhone 拍摄照片时，点击屏幕会使手机在该范围内对焦并出现方框，如果认为画面亮度不合适，则用手指按住屏幕上下滑动即可调整亮度，也就是调整曝光补偿

⚠ 当用手指按住屏幕并向下滑动后，可以看到画面明显变暗，并且"小太阳"图标的位置也向下移动了，表示目前正在降低曝光补偿

⚠ 当用手指按住屏幕并向上滑动后，可以看到画面明显变亮，并且在方框右侧出现了"小太阳"图标，以此标识目前是在增加曝光补偿

⚠ 通过曝光补偿功能即可手动调整画面亮度

如果希望拍出的照片色彩更浓郁一些，或者希望拍出暗调照片，不妨使用此方法降低画面的亮度。

反之，如果希望拍的照片偏清新明快，或者希望拍出亮调照片，不妨使用此方法提高画面的亮度。

使用 HDR 功能让白云也有细节

绝大多数爱好摄影的朋友一定遇到过如下场景：在户外光线充足的情况下逆光拍摄景物，查看照片时会发现，景物几乎变成了黑色的剪影。

在这种情况下，有部分摄影爱好者会对准景物进行测光重新拍摄，但按这种方法拍摄后，会发现虽然景物曝光正常了，但背景几乎成了全白的。

另一部分摄影爱好者会开启手机的 HDR 拍摄功能，这才是正确的方法。使用此功能拍摄时，iPhone 会通过后期算法，分别保证亮处与暗部都有细节，从而使照片亮部不会变为白色，暗部不会变为黑色。

开启 HDR 功能的方法也很简单，点击"设置"，选择"相机"选项，然后开启"自动 HDR"功能即可。

> **提示**
>
> 本书以 iPhone X 和 iPhone 11 Pro 为模板机，因此，个别功能在其他苹果机型的名称、图标可能会略有不同。

❶ 在"设置"界面中点击"相机"选项

❷ 开启"自动 HDR"功能

⬆ 在关闭 HDR 的情况下，该画面左侧的部分天空已经过曝失去细节

⬆ 开启 HDR 功能后，左侧的部分天空及建筑表面的细节明显更丰富了

照片视觉感平淡？尝试重设照片比例和画质

根据照片风格设置照片比例

通过不同的照片比例可以营造出不同的视觉感受。一般来讲，4∶3、16∶9、1∶1 是 3 种常用的照片比例。其中 4∶3 照片比例可以应用手机的全部像素，拍出最细腻的照片；16∶9 照片比例则更适合拍摄较宽广的场景，可以引导观者的视线向左右两侧延伸，而且由于 16∶9 照片比例是电影常用的画面比例，因此非常适合拍摄电影风格的照片使用；而 1∶1 这种拍立得常用的照片比例则会很自然地给观者以更强的生活气息。

iPhone 在不使用第三方 APP 的情况下，只能使用默认的 4∶3 照片比例，或者是正方形（1∶1）照片比例；如果借助第三方 APP ProCam 6，则还可以选择 16∶9、3∶2 画幅进行拍摄。

⚠ 4∶3 的照片比例更适合表现安静、舒缓的画面

⚠ 打开苹果手机自带的相机，滑动屏幕可以使用正方形（1∶1）比例拍摄

⚠ 打开 ProCam 6，点击界面左下角的"箭头"，即可选择 4 种不同的照片比例

想做后期？选 RAW 格式准没错

拍摄 RAW 格式照片在几年前还是单反、微单的专利，随着手机拍摄功能越来越强大，如今用手机也能够拍出 RAW 格式照片了。

RAW 格式照片的特点是只记录原始图片信息，因此其具有以下三大优点：

❶ 更大的后期空间。手机不会对 RAW 格式照片进行优化处理，所以，其可以保留所有画面信息，从而具有更高的后期宽容度。

❷ 无损调节。对 RAW 格式照片后期处理时，几乎所有软件或者 APP 都不会直接在图片上进行修改，而是另存出一张 JPEG 照片。

❸ 更有利于前期拍摄。使用 RAW 格式拍摄时，曝光、色彩表现等方面在拍摄前期可以有一定程度的失误或者偏差，因为可以在后期进行补救。

> **提示**
>
> RAW 格式照片适合有一定后期基础，并且希望手动控制后期效果的摄友使用。如果不会对照片进行后期处理或者手机存储空间较为紧张，不建议使用此格式拍摄照片。

⊙ 严重欠曝的照片　　　　⊙ JPG 图片调整为正常曝光　　　　⊙ RAW 图片调整为正常曝光

使用 iPhone 手机拍摄 RAW 格式照片，需要借助第三方 APP，如 ProCam 6、ProCamera、Clara、RAW+ 等。在此，以 ProCam 6 为例进行讲解。打开 ProCam 6 后，点亮界面左侧的"RAW"文字图标，并且点击界面右上角的"SET"，将"RAW 格式"选项设置为"RAW"即可。此时再使用 ProCam 6 拍的照片均被保存为 RAW 格式。

❶ 点击"SET"，并在"RAW 格式"一栏中选择"RAW"　　❷ 点击界面左侧的"RAW"

拍得歪？请开启水平仪

当拍摄具有水平线或地平线的风光摄影照片时，如海上日出，水平线是否水平非常重要。一旦水平线歪斜，即便色彩再好，场景再壮观，也依然是一张废片。

通过水平仪功能，可以直观地看到手机是否水平。虽然 iPhone 自带的相机中并没有水平仪功能，但可以通过第三方 APP 来实现。下载并打开 ProCamera，点击界面右上角的■图标，在弹出的菜单中选择"斜度仪"选项。除了 ProCamera，NeoShot 和 Focos 等 APP 也同样具有水平仪功能，当手机水平时，其水平仪均显示为绿色。

❶ 点击右上方的■图标，选择"斜度仪"功能

❷ 当垂线变为绿色时，即证明手机在水平方向上已经摆正了

景物太小？使用长焦放大功能

要拍摄距离较远的景物，必须使用手机的变焦功能，这种变焦功能实质是放大了局部画面，同时使画面的质量变差，所以，一般不建议使用手机进行变焦拍摄。

iPhone X 及 iPhone 11 Pro 均单独搭载了一枚 52mm 焦距的长焦镜头，可以实现 2× 无损变焦拍摄。但当变焦倍数超过 2× 后，画面质量会有较大程度的降低。不过 2× 的变焦空间已经可以使构图有更大的空间及灵活性，从而拍出画面美感更强的照片。

> **提示**
>
> 笔者建议使用 2× 以内的变焦进行拍摄。如果确实需要拉近画面，则建议先用 2× 变焦拍摄，然后在后期时进行裁图，从而获得更优的画质。
>
> 以 iPhone X 为例，其 1× 焦距的广角镜头和 2× 焦距的长焦镜头均为 1200 万像素。因此，当使用 1x 焦距拍摄后，再裁剪为 2× 焦距效果，所得到的是一张 600 万像素的照片；而直接使用 2× 焦距的长焦头拍摄的画面，则为一张 1200 万像素的照片。由于像素数量更多，因此在放大后，其画质也更细腻。

❶ 使用 iPhone 在 2× 变焦的情况下拍摄时，依旧可以得到较高画质的照片

❷ 当变焦拉近画面拍摄时，画质明显降低

照片在计算机中打不开？这样修改照片格式

有些摄友使用 iPhone 拍摄的照片，在传到计算机后，会发现这些照片无法正常打开，只能通过第三方软件打开，此类照片的扩展名为 HEIC。

出现这种情况的原因是在"格式"设置中选择了"高效"。此时，拍摄的照片会通过 HEIF 格式进行编码，并保存为 HEIC 文件，从而实现比 jpeg 格式图片更小的体积及更高的画质。很多摄友可能会有疑问，"格式"依旧设置为"高效"，但通过 iTunes 或 QQ 等软件将照片传至计算机就可以正常打开呢？这是由于传输时 iPhone 自动将其转换为了 jpeg 格式。

提示

HEIF 是一种图像容器格式，基于高效视频压缩算法（也称为 HEVC 或 H.265），它所生成的图像文件相对较小，且图像质量也高于较早的 JPEG 标准。

除了文件小、质量高，HEIF 图像格式还有许多 JPEG 没有的优点，如支持透明图层和 16 位色彩。而且使用 iPhone 内置的图像编辑功能，对照片进行旋转、裁切和添加标题等编辑操作时，这些编辑操作不会影响基础图像，即我们可以在再次编辑照片时撤销或改变这些编辑操作，获得不同的效果，从某种角度来说，照片编辑是无损的。

如何轻松拍出构图工整的照片

对于摄影初学者，三分线构图是最常用也是最实用的构图方法。该种构图方法要求将主体放在三分线上或者三分线的 4 个焦点上，这样可以在突出主体的同时又不使画面显得呆板。

很多摄影新手不能很好地找到三分线的位置，更无法确定 4 个焦点的位置。

因此建议开启参考线功能，从而让屏幕显示三分线，起到辅助构图的作用。

除了有利于三分法构图，在拍摄一些横平竖直的场景时，参考线可以让景物绝对水平或者垂直，从而让照片更具形式美感。

如需打开该功能，只需进入"设置"界面后，点击"相机"选项，然后开启"网格"功能。

❶ 进入"设置"界面，选择"相机"　❷ 打开"网格"功能

❸ 利用网格线功能确保画面水平

如何拍出气势恢宏的宽画幅照片

认识全景拍摄模式

利用全景拍摄模式，即可拍出气势恢宏的照片。打开相机后，滑动下方模式栏，选择至"全景"模式，即可开始拍摄。拍摄全景照片时，有以下几点需要注意：

❶ 全景模式默认情况下是从左边开始拍摄，可以通过点击箭头改变方向。

❷ 拍摄时最好保持双脚不移动，手要稳一点，确保箭头匀速从一侧移到另外一侧。

❸ 拍摄时要确保白色的箭头一直在横线上向左侧或向右侧移动，不要使箭头的尖部高于或低于黄色的水平线，否则拍摄出来的画面就会缺少一块。

❹ 拍摄时，若停留时间过长，相机会自动完成当前的全景拍摄。

❺ 拍摄全景照片结束点的选择很重要，如果不及时停止，会拍进不协调的画面。例如，拍摄大街时，如果拍进不必要的路人或者突兀的建筑物，会破坏画面的美感。要在合适的位置结束拍摄，就需多观察拍摄环境。

如果需要在垂直方向上使用全景功能，如拍摄高耸的建筑，可以横向握持手机，向上缓慢移动手机进行拍摄。

❶ 进入全景拍摄界面后，先确定全景照片的起点，然后点击快门按钮拍摄

⊼ 最终的全景照片

❷ 沿箭头方向移动相机时，尽量保证在黄线附近移动，在拍摄过程中可随时按快门按钮停止拍摄

用全景功能玩出分身照

利用全景模式还可以拍摄有趣的分身画面，就是在画面中一个人同时出现两次或多次，好像有分身术一般。

其实这并不难拍，就是在横着"扫"摄开始时，让被摄者出现在画面中，然后让被摄者走出画面，并在画面另一端摆好姿势。

接下来再移动手机，让被摄者又被手机"扫"摄到，这样，被摄者就在画面中出现了两次，形成了分身画面。

⚠ 多个分身的全景大片

拍出天地相接奇景

横着的全景拍腻了，还可以试试竖着拍全景画面。

拍摄时用手机按照地面—天空—地面的顺序拍一圈或半圈，就能够得到上下是地面，中间是天空的有趣画面，这是一个难度比较高的拍摄技法。

首先拍摄的人需要站着不动，然后慢慢地仰头，最后向后接近 90° 弯腰，在整个拍摄过程中，还要尽量保持箭头一直沿着黄线走。所以，如果练过瑜伽，能轻松下腰，那么这种方法使用起来可能更加轻松一些。

拍出高耸的建筑或树木

在拍摄建筑与高大的树木时，可以先切换至全景模式，横拿手机从建筑或树木的底部拍起，缓慢向上移动，这样就能够拍摄出比使用常规方法更有气势的照片。

如何拍出会动的照片

生活中有些美好时刻，用照片来记录不能表现其精彩瞬间，用视频来记录播放时长又很短，此时，不妨打开"实况"功能来拍摄，使用此功能所拍摄的照片，其实是一段时长为3秒的视频，因此有声音与动态效果。

开启"实况"功能

在拍摄状态下，点击屏幕上方的"实况"图标即可进入"实况"照片拍摄状态，再次单击可将其关闭。由于"实况"照片实际上是一个小视频，因此照片所占用的存储空间自然也会大一些，所以，此功能并不需要一直处于开启状态。

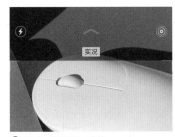

❶ 开启"实况"功能

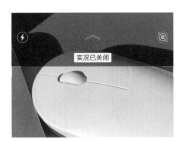

❷ 关闭"实况"功能

选择"实况"效果

拍摄"实况"照片后，可以通过选择不同选项，实现"循环播放""来回播放"及"长曝光"等不同效果，操作方法如下所述。

❶ 在"相簿"中点击"媒体类型"列表中的"实况照片"。

❷ 在所有"实况照片"中点击需要重设效果的照片，并向上拖动此照片，直至显示"效果"。

❸ 在"效果"栏中根据需要选择不同选项。

❶ 选择实况照片

❷ 选择要修改的照片

❸ 选择所需的效果选项

为"实况"照片设置最美封面

虽然使用"实况"功能拍摄的是一个时长为 3 秒的小视频，在观看时长按此照片能够看到完整的小视频，但在照片相册中实际上体现为一张静止的照片。这张照片被称为"实况"照片的"封面"，通常是这段小视频中的一个画面，如果认为这个"封面"并不理想，可以按下面的方法操作对其进行改变。

❶ 打开一张开启"实况"功能拍摄的照片，点击右上角的"编辑"按钮。

❷ 在进入的界面中，点击◉图标，在下方的轨道中选取一张最精彩的瞬间。

❸ 点击照片上方的"设为主要照片"，再点击"完成"按钮即可。

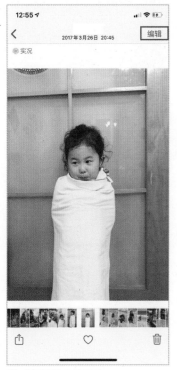
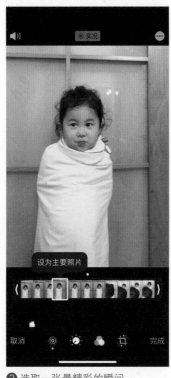
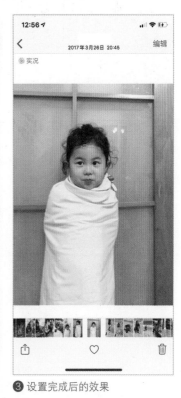

❶ 选择要设置的照片 　　　　❷ 选取一张最精彩的瞬间 　　　　❸ 设置完成后的效果

提示

如果通过向上滑动的方式选择了"循环播放""来回播放""长曝光"中的任意一种效果，则无法实现上述"设置最美封面"的操作。

对"实况"照片进行编辑

与其他普通照片一样，"实况"照片也可以进行编辑，如滤镜改变整体色彩，通过调整参数改变其亮度、对比度、明暗，也可以进行翻转、裁剪等操作。执行上述操作后，实况照片 3 小视频中的所有画面将同时发生改变，因此，按照这个方法，可以轻松获得一段影调为黑白的动态小视频，从而大大增加了摄影的乐趣。

改变"实况"照片持续时间

如前所述,"实况"照片其实是一段 3 秒时长的小视频。如果在这个小视频的前面或后面有不需要的影像,可以按下面的方法操作,对照片长度进行截取,从而只保留最精彩的动图片段。

❶ 打开一张开启"实况"功能拍摄的照片,点击右上角的"编辑"按钮。

❷ 在进入的界面中点击◉图标,拖动黄色框的左侧或右侧,使其框住需要保存的精彩部分。

❸ 点击"完成"按钮即可。

❶ 选择要修改的照片

❷ 选择要保存的画面

❸ 点击"完成"按钮

> **提示**
>
> 　　如果通过向上滑动的方式选择了"循环播放""来回播放"中的任意一种效果,则无法实现改变"实况"照片持续时间的操作。

如何将"实况"照片传到另一部 iPhone 中

当通过 QQ、微信等 APP 将实况照片发送到另外一部 iPhone 后，其格式将会自动被转换为 jpeg，从而失去"实况"照片的动态效果，以及可"设置封面"等特性。

为了让所传输的实况照片在保持原有格式的情况下发送到另一部 iPhone 上，需要使用"隔空投送"功能，具体方法如下。

❶ 打开发送和接收图片所用 iPhone 的"蓝牙"和"无线局域网"，如图 1 所示。

❷ 将两部手机的"隔空投送"功能设置为所有人，详细操作步骤如图 2、图 3、图 4 所示。

❸ 在相册中选择需要发送的实况照片，点击左下角的 ⬆ 图标，如图 5 所示。

❹ 点击"隔空投送"选项，并选择接收照片的手机，如图 6、图 7 所示。

❺ 使用接收照片的手机，并点击"接受"按钮即可，如图 8 所示。此时该照片依旧保持为"实况"状态。

◈ 图 1　　　　◈ 图 2　　　　◈ 图 3　　　　◈ 图 4

◈ 图 5　　　　◈ 图 6　　　　◈ 图 7　　　　◈ 图 8

提示

　　使用"隔空投送"功能传输图片时，两部手机间的距离尽量不要超过 5 米，否则会出现搜索不到用户或者传输速度不稳定的情况发生。

如何将"实况"照片转为"斗图"用的动态图片？

　　在互联网中有一种沟通方式叫"斗图"，即双方不通过文字，而是通过大量动图来表达自己的想法。虽然网络中可以找到大量用于"斗图"的动图，但这些图片的鲜活程度显然不如通过自拍获得的。

　　这个方法的基本思路如下：通过"实况"功能拍摄的照片，再经由第三方 APP，将其转换为 gif 格式，并使其能够被广泛应用于各类聊天软件。

　　此处以 GIF Maker 为例，介绍转换为 gif 格式的方法。APP 界面图如图 1 所示。

　　❶ 打开 APP，点击"Live Photos"选项，如图 2 所示。

　　❷ 将需要转换格式的照片导入该 APP 后，可以对照片添加滤镜或者文字，如无须调整，则可直接点击右上角的"Done"选项，如图 3 所示。

　　❸ 此时该 APP 会开始转换文件格式，需稍等片刻。处理完毕后，会显示如图 4 所示的界面，点击右侧的"Save"按钮，即可将 gif 格式的动图存储在相册中。

⚠图 1

⚠图 2

⚠图 3

⚠图 4

利用实况功能模拟慢门效果

使用慢门拍摄平静水面是常用的一种拍摄方法，会使平静的水面有一种丝绸般的质感。

iPhone 可以通过自带的"实况"功能进行丝绸水面效果拍摄。首先在拍摄前打开该功能，在拍摄后浏览该照片，并向上滑动，选择"长曝光"效果，即可发现水面已经被"雾化"了。

❶ 开启"实况"功能拍摄的照片，其左上角会有相应标识

❷ 浏览该照片，并向上滑动屏幕，选择"长曝光"效果

❸ 一张模拟慢门雾化水面的照片就制作完成了

提示

由于"实况"照片只能拍摄时长为 3 秒的小视频，使用此功能来模拟慢门效果，实际上是使用这 3 秒拍摄的照片来通过堆栈算法模拟慢门拍摄，因此，如果拍摄的水面等场景由于风速或其他原因，起伏变化很大，是无法得到令人满意的效果的。

第 3 章
iPhone 进阶摄影功能解析

本章扩展学习视频

1. 如何通过手机后期处理，改变照片的明暗

2. 如何通过手机后期处理，改变照片的色彩

3. 通过后期模拟虚化背景或前景的人像照片效果

4. 通过手机手期 APP 对照片进行处理，获得个性化的黑白照片效果

注意：如果扫码不成功，可尝试遮挡其他二维码。

认识专业模式可调整的各个参数

之所以有许多专业摄影师使用单反或微单拍摄照片，其中一部分原因在于能够分别控制光圈、快门、感光度、白平衡、对焦方式等参数，从而拍出理想的画面。现在使用手机的专业模式拍摄照片时也可以手动控制以上参数了，这无疑大大拓宽了手机摄影的题材选择，也让用手机拍摄的照片效果更可控。

iPhone 并没有专业的原生摄影功能，因此，如果希望在拍摄时对光圈、快门、感光度进行调整，则需要借助第三方 APP：ProCam 6，其拍摄界面和可以手动控制的参数如下图所示。

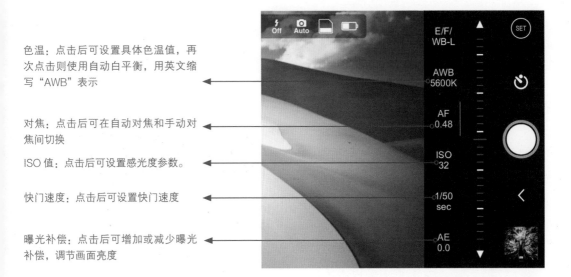

色温：点击后可设置具体色温值，再次点击则使用自动白平衡，用英文缩写"AWB"表示

对焦：点击后可在自动对焦和手动对焦间切换

ISO 值：点击后可设置感光度参数。

快门速度：点击后可设置快门速度

曝光补偿：点击后可增加或减少曝光补偿，调节画面亮度

如何拍出有动感的照片

了解快门速度

对于手机来说，快门速度指感光元件从开始感光到结束感光的一段时间，快门速度越快，曝光时间越短，曝光量越少；快门速度越慢，曝光时间越长，曝光量越多。要拍摄飞翔的鸟儿、跳跃的人、车流的轨迹、丝一般的流水这类有动感的画面，就需要合理控制快门速度。

分类	常见快门速度	适用范围
低速快门	30s 至 1/15s	适合在昏暗的光线下，拍摄静止的对象，如建筑、城市夜景等，也可以用于拍摄光绘、车流、银河等题材
中速快门	1/30s 至 1/250s	适合在户外阳光明媚时使用，拍摄运动幅度较小的物体，如走动中的人、游泳运动员、跑步中的人或棒球活动等
高速快门	1/500s 至 1/4000s	该快门速度已经可以抓拍一些运动速度较快的对象，如行驶的汽车、跑动中的运动员、奔跑中的马，以及飞溅出的水花

⚠ 设置较低的快门速度：点击"sec"图标，即可手动设置快门速度。拍摄相对静止的景物时，设置较低的快门速度即可

⚠ 设置较高的快门速度：点击"sec"图标，在快门速度选择指示条中，选择需要的快门速度。为了将飞鸟定格在画面中，可以使用较高的快门速度进行拍摄

快门速度对于画面亮度的影响

如前所述，快门速度的快慢决定了曝光量的多少。具体而言，在 ISO 值不变的情况下，快门速度越慢，曝光量越多，画面越亮；快门速度越快，曝光量也越少，画面就越暗。

例如，当快门速度由 1/125s 变为 1/60s 时，由于快门速度慢了近一半，曝光时间增加了一倍，因此，总的曝光量也随之增加了一倍。

下面两张图展示了使用不同的快门速度拍摄得到的亮度不同的画面。

⚠ 1/6s 拍摄效果

⚠ 0.6s 拍摄效果

快门速度对于画面动感的影响

快门速度不仅影响进光量，还会影响画面的动感效果。表现静止的景物时，快门速度的快慢对画面动感不会有什么影响；但在表现运动对象时，则区别很大。拍摄时使用的快门速度快可以凝固瞬间，用的快门速度慢可以表现运动对象的动态模糊效果。

下面这一组示例照片是在感光度不变的情况下，分别将快门速度依次调慢拍摄得到的。对比这一组照片，可以看到当快门速度较快（左侧图 1/40s）时，水流被定格成为清晰的水珠，但当快门速度逐渐降低（最右侧图示快门速度为 1s）时，水流在画面中呈现为拉长的运动线条。

⚠ 1/40s 拍摄效果

⚠ 1/15s 拍摄效果

⚠ 1s 拍摄效果

设置快门速度时应该如何考虑

设置快门速度主要考虑两点：第一点是画面清晰度，第二点是画面效果。在使用低速快门拍摄时，为了保证清晰度，强烈建议使用三脚架固定手机后拍摄。如果手持拍摄，则快门速度尽量保证在 1/35s 以上，以防止手抖而造成画面模糊。而对于画面效果，则专指在拍摄运动物体时，利用高速快门可拍摄清晰的运动瞬间；利用低速快门则可拍出动态虚化效果。

拍摄效果	快门速度设置	说明	适用拍摄场景
凝固运动对象的精彩瞬间	使用高速快门	拍摄对象的运动速度越高，采用的快门速度应越快	运动中的人物、奔跑的动物、飞鸟、瀑布等
运动对象的动态模糊效果	使用低速快门	使用的快门速度越低，所形成的动感线条越柔和	流水、夜间的车灯轨迹、风中摇摆的植物、流动的人群等

合理设置感光度

什么是感光度

感光度就是手机的感光系统对光线的敏感程度。感光度越高对光线就越敏感，也就意味着相同快门速度下拍摄出来的画面会越亮；感光度越低，手机的感光系统对光线的敏感度就越低，相同快门速度下拍摄的画面就越暗。

但这不意味高感光度就好，因为感光度越高，画面的噪点也会随之增多，所以，通常应尽量使用低感光度，只有在光线较暗的环境中，为了保证一定的快门速度，并且画面的亮度还要达到要求的情况下，才会使用较高的感光度。

一般来说，使用 iPhone 拍照时，ISO 模式会采用"自动调整"模式，也就是手机根据拍摄环境光的亮度，自动调整 ISO 的数值。但通过第三方 APP，则可以手动控制感光度。

⌃ 在光线良好的环境下，只要快门速度足够高，就可以手动设置最低的感光度进行拍摄，从而获得最优画质

◂ 在阴天或暗淡的光线环境下拍摄时，则有可能需要通过提高感光度来使用更高的快门速度进行拍摄，从而避免画面模糊

感光度对画面亮度的影响

如前所述，感光度数值越高，单位时间内手机的感光元件感光越充分，画面亮度就越高。下面是一组使用相同快门速度，不同 ISO 数值拍摄出来的照片，对比这 6 张照片，可以明显看出当 ISO 数值越来越高时，照片越来越亮。

⌃ ISO100 拍摄的效果 ⌃ ISO200 拍摄的效果 ⌃ ISO400 拍摄的效果

⌃ ISO800 拍摄的效果 ⌃ ISO1600 拍摄的效果 ⌃ ISO3200 拍摄的效果

感光度对画质的影响

感光度数值越高，单位时间内手机的感光元件感光越充分，画面亮度就越高。

但要注意的是，感光度越高，画面产生的噪点就越多；低感光度画面则清晰、细腻，细节表现较好。

⌃ ISO100 拍摄的画面

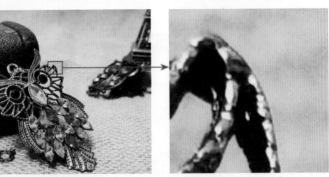

⌃ ISO640 拍摄的画面，与 ISO100 相比，明显噪点更多

如何快速调整照片的明暗

如何利用曝光补偿调整画面明暗

在专业拍摄模式下，要增加或减少画面亮度，只能通过设置曝光补偿数值来完成。通过调整曝光补偿数值，不仅可以改变照片的亮度，还可以使照片更好地传达摄影师的表现意图。

例如，通过增加曝光补偿，可以得到柔和的色彩与浅淡的阴影，使照片有轻快、明亮的效果；通过减少曝光补偿，可以使照片变得灰暗、厚重。

⚠ 曝光补偿设置为 0 挡时的拍摄效果，画面亮度正常

⚠ 曝光补偿设置为 +1 挡时的拍摄效果，背景白墙处明显过曝

⚠ 苹果手机曝光补偿设置：点击 AE 图标，在曝光补偿选择指示条中，选择需要的曝光补偿，范围为 −8.0~+8.0EV

⚠ 曝光补偿设置为 −1 挡时的拍摄效果，画面明显灰暗

使用色温精确控制画面色彩

iPhone 虽然不能设置白平衡模式，但可以设置色温。

设置白平衡实际上就是控制色温，当选择某一种白平衡模式时，实际上是在以这种白平衡模式所定义的色温设置手机。例如，当选择白炽灯白平衡模式时，实际上是将手机的色温设置为 3000K；如果选择的是阴天白平衡模式，就是将色温设置为 6000K。

各类白平衡模式的名称，只是为了使摄影师更加便于记忆与识别。所以，如果希望更精细地调整画面色彩，可以按下面的步骤操作，通过设置色温值的方式来实现。

手机中的色温设置得越低，画面色彩就越冷，也就是偏蓝；色温设置得越高，画面色彩就越暖，也就是偏黄。

⬆ 苹果手机色温设置：点击 "AWB" 选项后，通过滑动条即可调整色温数值

⬆ 所设置的色温值越低，画面越偏冷调（上图色温值为 2400K）

⬆ 适当提高色温后，画面冷调减弱（上图色温值为 3800K）

⬆ 继续提高色温，则画面色调开始偏暖（上图色温值为 6000K）

⬆ 当色温达到更高的数值后，画面整体偏暖调（上图色温值为 7800K）

如何拍出有唯美虚化效果的照片

　　背景的虚化效果，一度是手机摄影与专业微单或单反相机摄影的分界线，但随着越来越多的手机通过多镜头来实现该效果，这一分界线变得模糊起来。例如，iPhone 就是通过焦距不同的镜头来模拟背景虚化效果。

拍出不同光效的人像照片

　　虽然苹果手机上并没有"大光圈"这一拍摄功能，但利用人像模式同样可以拍出背景虚化效果。并且得益于苹果强大的 3D 人脸识别技术，还可以选择不同的人像光效进行拍摄，得到更唯美的画面。

　　使用方法也非常简单，打开相机后，滑动底部拍摄模式至"人像"模式，即可选择不同的光线效果进行拍摄。

❶ 选择"人像"拍摄模式即可拍出背景虚化效果

❷ 按住红框内图标即可选择不同光线效果进行拍摄

❸ 不同光线效果实拍画面

在后期中更改人像光效

在使用人像模式拍摄时，如果忘记选择或者对选择的人像光效不满意，还可以通过 iPhone 自带的后期软件进行重新选择。

凡是使用人像模式拍摄的照片，在图片浏览界面的右上角会出现"人像"标识。点击右上角的"编辑"按钮，并点击界面下方的◆图标，即可随意切换不同的人像光效进行预览。

当选定某一种光效后，滑动下方的指示条，即可对光效的强度进行调整。当滑动到最左端时，光效强度最低；滑动到最右端时，光效强度最高。

❶ 使用人像模式拍摄的照片，右上角有"人像"标识，点击右上角的"编辑"按钮即可进行光效更改

❷ 点击界面下方的◆图标，即可选择不同的光效

❸ 向左滑动下方的指示条，即可让光效强度降低

❹ 向右滑动下方的指示条，即可让光效强度提高

在后期中调节虚化程度

利用人像模式拍摄的照片（照片左上角有"人像"标识）除了可以更改不同的光效外，还可以在后期中手动调节光圈数值，以改变画面的虚化程度。

依旧需要点击右上角的"编辑"按钮，进入后期处理界面。然后点击界面左上角的◎图标，即可调节光圈数值。光圈数值越大，虚化程度越弱，画面越清晰；光圈数值越小，虚化程度越强，画面越模糊。

> **提示**
>
> 以上两小节所讲的编辑效果需要使用 iPhone 11 才能全部实现。iPhone X 则只能通过后期选择光效模式，不能设置其强度，也不能手动调节光圈数值，改变画面虚化程度。

❶ 使用人像模式拍摄的照片，左上角有"人像"标识，点击右上角的"编辑"按钮，即可进行虚化效果调整

❷ 点击左上角的🅕图标，即可通过下方的指示条调节光圈数值。当选择光圈值为 f1.4 时，可以看到画面虚化效果较强

❸ 当光圈值选择为 f16 时，可以发现画面的虚化效果几乎消失了

如何理解小数值是大光圈

光圈是控制光线接触感光元件的硬件，光圈数值是描述通光孔径的比值，例如，f2.8 是指此时通光孔径为 1/2.8，同理，f16 是指此时通光孔径为 1/16，因此 f 数值小，光圈反而大。

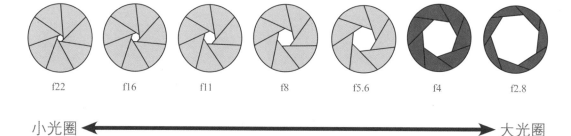

需要注意的是，iPhone 本身的物理光圈是固定的，是不可调节的。所谓在后期调节光圈大小，其实只是通过软件算法来模拟不同光圈大小的虚化效果。

不依赖手机功能拍出虚化效果的方法一

下面的一组照片是在所有拍摄条件都不变的情况下，只改变手机与被摄对象之间的距离时拍摄得到的。通过这组照片可以看出，当手机距离前景小猪的距离越远时，其后方摆件的模糊效果就越差；反之，镜头越靠近前景小猪，则拍出画面的背景摆件虚化效果就越好。

所以，在拍摄时，手机越靠近被摄对象，则越容易拍出背景虚化的效果。

⌃ 手机距离小猪 12cm 　　⌃ 手机距离小猪 40cm 　　⌃ 手机距离小猪 80cm

不依赖手机功能拍出虚化效果的方法二

通过下方的例图可以看出，画面后方的摆件与拍摄对象小猪的距离越远，越容易得到浅景深的虚化效果；反之，如果画面后方的摆件与小猪位于同一个焦平面上，或者非常靠近，则不容易得到虚化效果。

所以，在拍摄时，可以让主体离背景的距离远一些，以得到更好的背景虚化的效果。

⌃ 小猪距离背景摆件 3cm

⌃ 小猪距离背景摆件 15cm

⌃ 小猪距离背景摆件 35cm

用滤镜拍出更具韵味的画面

iPhone 可以通过内置的滤镜拍出不同色调的画面，而且这些滤镜的效果与很多后期 APP 相比，更耐看、更自然。

下面就通过一个场景，来看看不同滤镜所营造的不同视觉感受。

❯ 苹果手机滤镜设置：点击"📷"按钮，即可在界面下方选择不同滤镜

⊼ 鲜明

⊼ 鲜暖色

⊼ 鲜冷色

⊼ 反差色

⊼ 反差暖色

⊼ 反差冷色

⊼ 单色

⊼ 银色调

⊼ 黑白

用超大广角拍出视觉冲击力更强的画面

在 iPhone 系列手机中，iPhone11 是首款搭载三摄的苹果手机，之前的 iPhone XS 和 iPhone X 均为双摄手机。而增加的这一只镜头，正是焦距为 13mm 的超广角镜头。

正因如此，在使用 iPhone XS 或者 iPhone X 时，广角端只能设置为 1x，其等效焦距则分别为 26mm 和 28mm；而在使用 iPhone 11 时，则可以通过在屏幕上做收拢缩小画面的操作或点击界面下方的焦距按钮，将焦距设置为 0.5x（等效焦距 13mm），实现 120° 超广视角拍摄，从而容纳更多的景物。

⚠ iPhone 11 Pro 在使用 1× 变焦时拍摄的画面效果

⚠ 当将焦距切换为 0.5× 后，画面明显可以容纳更多的景物，场景的空间感也更突出

由于超广角镜头对景物线条具有拉伸作用，因此，当画面中有线条时可以利用超广角镜头强化近大远小这种透视关系的特性，可以让场景看起来更具空间感。

> **提示**
>
> 在拍摄建筑、大场景风光时首推超广角镜头。也可以尝试近距离拍摄景物，在突出主体的同时，使画面由于有透视变形更具视觉张力。

⚠ 使用广角镜头拍摄的画面

⚠ 使用超广角镜头拍摄的画面

用超取景框功能弥补构图失误

因为人的视线总是很自然地将注意力集中在画面中央区域，所以，越靠近边缘的区域就越容易被忽视。这也是为何很多摄影小白，拍摄的照片不是少了脚尖儿，就是切掉了部分头顶的原因。如果使用iPhone 11 的新功能：超取景框，则可以通过后期，让照片的边缘额外显示更多场景，从而让画面更完整。

使用超取景框功能需要在相机设置中将其打开。首先在设置菜单中点击"相机"选项，然后找到"超取景框拍摄照片"，并将其打开即可。打开该功能后，使用 1× 焦距拍摄的照片，就会在左上角显示标识。

如果想对该张照片使用超取景框功能，则点击右上角的"编辑"按钮。在进入的界面中先点击下方的图标，进入裁剪界面，然后点击右上角的图标，并选择"使用取景框外的内容"选项，即可发现，画面边缘处显示出了更多的画面。

❶ 在设置菜单中点击"相机"选项

❷ 找到"超取景框拍摄照片"功能并打开

❸ 打开该功能后，用1× 焦距拍摄的照片，其右上角会出现图标

❹ 先点击界面下方的图标，进入裁剪界面

❺ 然后点击右上角的图标，并选择"使用取景框外的内容"

❻ 画面范围被扩展到取景框之外，展现出了更强的空间感

提示

部分右上角有标识的图片，虽然在"步骤5"时没有"使用取景框外的内容"选项（如右图），但其实依然包含超取景的画面，并同样可以将画面范围扩展到取景框之外。

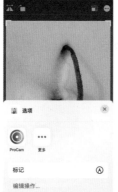

◀ 有部分超取景照片虽然按上述操作不会显示"使用取景框外的内容"选项，但使用"裁剪"工具的3个纠正功能对照片进行操作时，实际上是能看到取景框外的内容的

用连拍模式抓拍精彩瞬间

　　对于运动对象，如游乐场中的孩子、赛场上的运动员、舞台上的演员，为了捕捉他们转瞬即逝的可爱表情、精彩的动作或绝妙的舞姿，可以用连拍模式进行拍摄，只要一直按住快门按钮不松手，即可进行连拍。

　　以 iPhone X 为代表的苹果手机，最多可连拍 600 张。

　　需要注意的是，连拍的系列照片如果没有进行过筛选，在相册中只会显示一张。但点击该照片后，即可从该次连拍过程中拍摄到的所有照片中挑选希望保留下来的画面。

❶ 长按拍摄按钮进行连拍

❷ 选择连拍快照

❸ 选择要筛选的连拍组照

❹ 在一系列连拍照片中，点击希望保留的画面，其右下角的"√"图标会亮起

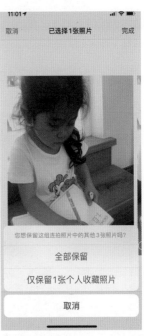
❺ 选择完毕后点击右上角的"完成"按钮，在弹出的菜单中可以选择全部保留所有连拍照片，也可以选择只保留被选中的照片

如何在手机熄屏状态下抓拍精彩瞬间

　　当发现一个需要立刻抓拍下来的场景，如果还按照"解锁手机—点开手机—再拍摄"的方法，那么等拿起手机时，这个场景早已错过了。

　　而利用 iPhone 锁屏界面右下角的快捷拍摄按键，则可以实现在不解锁手机的情况下，迅速打开相机进行拍摄。

◆ iPhone 快捷拍摄设置：通过锁屏界面的拍摄按键，可以快速启动相机拍摄

如何直接拍摄出经典黑白照片

　　iPhone 可通过黑白滤镜拍摄出经典黑白照片，从而免去了烦琐的后期步骤。并且在前期拍摄过程中可以直接以黑白效果进行构图，有利于及时发现那些适合通过黑白来表现的光影效果，比如下图中强烈的明暗对比形成的线条感就非常适合用黑白画面进行表达。

◆ iPhone 黑白模式设置：在打开相机后，点击右上角的■图标，即可在下方选择黑白滤镜进行拍摄

第 4 章
用 iPhone 拍出
高质量视频

如今大火的 Vlog 到底是什么？

Vlog 的全称是 Video weblog 或 Video blog，意思是视频博客、视频网络日志。通俗地讲，Vlog 就是一种通过视频来记录生活日常的方式。

但并不是说随手拍个视频发到抖音、快手等平台就能称为 Vlog 了，它往往具备以下几个特点。

❶ 表达自己的一种方式

就好像日记中记录的一定是自己的看法或者与自己相关的事情，作为"视频日记"的 Vlog 也是如此。这就要求博主往往需要在 Vlog 中出镜，说自己想说的话，记录自己体验的事情，让自己成为视频的主角。

❷ 相对原生态的录制过程

Vlog 不需要花哨华丽的画面或者博人眼球的情节，而需要相对原生态的画面，因为"真实"才是 Vlog 吸引年轻人的本源所在。所以，在 Vlog 的录制过程中要尽量减少"表演"的成分，将自然的甚至是不加修饰的情景、语言表现在视频中，才是 Vlog 的精髓。

❸ 超高的自由度

既然属于生活日记类的视频，在视频长度上，可长可短，既可以为 15 秒，也可以为 10 分钟，只要将一件事儿表达完整就可以。在内容上，只要不违反法律法规，任何内容都可以通过这种形式进行分享。毕竟观众希望看到的，就是 Vlog 中所呈现的异彩纷呈的生活。

⋀ Vlog 作为表现自己的一种方式，往往需要个人作为主角在画面中出现

⋀ 内容简单而生活化，是 Vlog 的一大特点

Vlog 为何这么火？

Vlog 的兴起是偶然吗？是一次巧合吗？显然不是。Vlog 这种内容传播形式早在 2012 年就出现在 YouTube 上，到现在为止 Vlog 都是 YouTube 上最受欢迎的内容之一。

不可否认，是部分经常在国外生活、工作的博主将 Vlog 的形式带到国内社交平台之中的，这对 Vlog 在国内的发展起到了一定的推动作用。但 Vlog 之所以兴起，主要还是互联网群体及互联网环境的变化在起作用。"95/00 后"年轻人已经成为互联网的主力军、4G 网络环境普及、视频分享平台层出不穷、视频变现成为主流商业模式之一，这些都成为 Vlog 火爆，且会继续火爆下去的原因。

如何拍出抖音、快手上高人气 Vlog？

如果只是为了通过视频记录日常生活，那么视频清晰、完整就足够了。但如果想在抖音或者快手这种火爆的短视频平台中脱颖而出，就需要对 Vlog 的内容和质量有更高的要求。

专攻单一主题

如果 Vlog 的主题很杂，比如今天拍一段美食 Vlog，明天拍一段搞笑 Vlog，后天拍一段美妆 Vlog，那么你所呈现的内容不会让任何一个群体满意，浏览量自然也就上不去。因为喜欢美食的，不会看你的搞笑视频；喜欢搞笑的，也不会看你的美妆视频，他们会选择专门做美食 Vlog 或者专门做搞笑 Vlog 的博主。因此，在某一个领域深耕很重要，例如，抖音上某专门做汉服摄影教学的博主，其获赞已经达到了 1834 万，而粉丝也达到了157 万。

▲ 抖音上只专注于汉服摆拍的知名博主

形成个人风格

那些高赞、高浏览量的 Vlog，一个很重要的共性就是特点突出。因此，无论是 Vlog 的剪辑方式，还是声音处理，或者是视频内容，能够做出自己的风格，打上自己的标签，那么浏览量就一定少不了。其中粉丝达到千万级别的短视频红人"papi 酱"就是其中的典型代表。

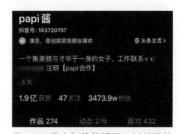

▲ papi 酱主打搞笑视频，以其独特的叙事风格而走红

展现人格魅力

在上文介绍"什么是 Vlog？"时已经提到，Vlog 的主角一定是博主自己。所以，一个具有很强人格魅力的博主，即便他的 Vlog 没有明确的主题，也没有突出的特点，也会有很多人会看，为什么呢？因为观众喜欢的是这个人，那么这个人拍的内容就会受到欢迎。

▲ 拍照自修室的主创人"慧慧周"不但视频做得好，其个人魅力也起到了举足轻重的作用

过硬的视频质量

以上 3 点，都是高人气 Vlog 在"内容"方面的要求，而在"技术"上，依然不能马虎。每个人都更倾向于观看那些画面更清晰、声音更动听的 Vlog。而手机录制视频的能力本来就不能与单反、微单相比，所以，更需要了解一些配件，掌握一些录制方法，尽量提高 Vlog 的画面与声音质量。本书接下来将对该部分内容进行讲解。

▲ 过硬的视频质量是获得高人气的重中之重

视频录制的基础设置

分辨率与帧数设置方法

iPhone 可对视频的分辨率、帧数进行设置。

在录制运动类视频时，建议选择较高的帧率，可以让运动物体在画面中的动作更流畅。而在录制访谈等相对静止的画面时，选择 30 帧即可，既省电又省空间。

这些参数需要特别关注两点。

首先是 1080p HD 60fps 及 4K 60fps，使用这两种参数拍出来的视频每秒有 60 帧画面，这样的视频不仅观看流畅，而且可以通过后期制作出 2 倍速慢速播放效果，从而制作出许多情绪不同的转场或画面效果。

其次是 4K 分辨率，虽然听上去很高端，但如果拍出来的视频只是在手机或 Pad 等媒体终端观看，并不建议使用，因为在观看效果上与 1080p 并没有明显区别，却在拍摄时很占手机空间。

❶ 进入"设置"界面，点击"相机"选项

❷ 点击"录制视频"选项，进入分辨率和帧数设置界面

❸ 选择分辨率和帧数

视频分辨率的含义

视频分辨率指每一个画面中所能显示的像素数量，通常以水平像素数量与垂直像素数量的乘积或垂直像素数量表示。通俗理解就是，视频分辨率数值越大，画面就越精细，画质就越好。

以 1080p HD 为例，1080 就是垂直像素数量，标识其分辨率；"p"代表逐行扫描各像素；HD 代表"高分辨率"，只要垂直像素数量大于 720，就可以称之为"高分辨率视频"或"高清视频"，并带上 HD 标识。但由于 4K 视频已经远远超越了"高分辨率"的要求，所以反而不会带有"HD"标识。

fps 的含义

通俗来讲 fps 就是指一个视频里每秒展示出来的画面数，例如，一般电影是以每秒 24 张画面的速度播放，也就是一秒内在屏幕上连续显示出 24 张静止画面，由于视觉暂留效应，使电影中的人像看起来是动态的。

很显然，当每秒显示的画面数多，视觉动态效果流畅；反之，如果画面数少，观看时就有卡顿感觉。

视频格式设置方法

值得一提的是，有些读者使用 iPhone 拍摄的照片和视频，复制到 Windows 系统的计算机上后，无法正常打开。出现这种情况的原因是在"格式"设置中选择了"高效"。

在这种模式下，拍摄的照片和视频格式分别为 HEIF 和 HEVC，而这两种格式的文件如果想在 Windows 系统环境中打开，则需要使用专门的软件打开。

因此，如果拍摄的照片和视频需要在 Windows 系统的计算机中打开，并且不需要文件格式为 HEIF 和 HEVC（录制 4K 60fps 和 240fps 视频需要设置为 HEVC 格式），那么建议将"格式"设置为"兼容性最佳"，这样可以更方便地播放及分享文件。

❶ 进入"设置"界面，点击"相机"选项

❷ 点击"格式"选项

❸ 如果拍摄的照片或视频需要在 Windows 系统下打开，则建议选择"兼容性最佳"选项

提示

超取景框功能需要在格式设置中选择"高效"才可正常使用。

使用 iPhone 录制视频的基本操作方法

录制常规视频操作方法

打开 iPhone 照相功能，然后滑动下方的选项条，选择"录像"模式，点击下方的圆形按钮即可开始录制，再次点击下方的圆形按钮即可停止录制。

苹果手机还有一个人性化的功能，即在录制过程中点击左下角的快门按钮可随时拍摄静态照片，从而不错过任何一个精彩瞬间。

另外，在 iPhone 11 中，还可以在拍摄照片时按住快门按钮不松手，从而快速切换为视频录制模式。如需长时间录制，在按住快门按钮状态下，向右拖动即可。

❶ 在视频录制模式下，点击界面右侧的快门按钮即可开始录制

◢ 使用 iPhone 11 拍摄照片时，可以通过长按快门按钮的方式进行视频录制；松开快门按钮即结束录制。如果需要长时间录制视频，将快门按钮向右拖动至 🔒 图标即可

❷ 录制过程中点击右下角的快门按钮可在视频录制过程中拍摄静态照片；点击右侧中间圆形按钮可结束视频录制

录制慢动作视频操作方法

在为动态画面录制视频时，利用慢动作视频功能可以表现出很多肉眼观察不到的奇妙景象。如下雨时，雨水一滴一滴从天空落下的景象；又如孩子在玩耍时表情与姿态的细微变化。

打开 iPhone 的相机后，通过滑动拍摄界面即可选择"慢动作"模式，点击界面下方的"录制按钮"即可开始慢动作视频录制，再次点击即结束录制。

❶ 点击红框内数值可选择慢动作倍数

❷ 在录制过程中尽量保证手机稳定，再次点击快门按钮可停止录制

慢动作倍数设置方法

慢动作倍数的选择决定了视频中的动态画面到底有多"慢"。在 iPhone 中可以设置为 4× 慢动作和 8× 慢动作。4× 慢动作意味着正常播放 1s 中的画面，经过 4× 慢动作录制后，会播放4s，从而可以更清晰地看到动态画面中细微变化。

值得一提的是，虽然在 iPhone 中，慢动作倍数不是以 4x 或者 8× 来表示的，而是以 120fps 和 240fps 来表示的，120fps 相当于 4× 慢动作，240fps 相当于 8× 慢动作。

❶ 在"设置"中点击"相机"选项

❷ 点击"录制慢动作视频"选项

❸ 选择 120fps 或 240fps 即可录制 4× 或 8× 慢动作视频

延时视频录制方法

延时摄影又称缩时录影，即将几小时甚至是几天、几年时间内事物发展过程的影像压缩在一个较短的时间内以视频的方式播放。在这样的视频中，事物或景物缓慢变化的过程被压缩到一个较短的时间内，影视中常见的日月穿梭、花开花谢就是典型的延时摄影。

这种视频如果使用单反拍摄相对麻烦，使用手机拍摄由于可以直接生成视频，反而比较简单。延时摄影可以固定机位拍摄，也可以移动机位进行拍摄。采用固定机位拍摄时，需要注意拍摄场景内有移动的景物，如移动的人群，这样才能体现延时摄影动静结合的效果。为了保证拍摄质量，最好利用三脚架固定手机；如果只能手持拍摄，则尽量保持手机稳定。

采用移动机位拍摄时，需要准备稳定手机

的配件，如稳定器。这样才能保证移动手机录制的延时视频更流畅。当然，也可以通过将手机固定在移动物体上来实现类似的效果，如固定在开动的汽车中，录制车外景物的延时视频。

iPhone自带延时拍摄模式，在拍摄界面滑动屏幕，可选择"延时摄影"模式。但必须要指出的是，iPhone的"延时摄影"模式拍摄照片的时间间隔是固定的，并且无法设置拍摄时间（只能手动停止拍摄）。如果希望根据不同的拍摄场景（如日出延时、流云延时、人流延时等）选择不同的拍摄间隔，并拥有定时拍摄功能，则建议下载第三方APP（如"延时摄影大师"）以获得更丰富的控制参数。

❶ 点击快门按钮即可开始延时拍摄

❷ 在延时摄影过程中，可随时点击快门按钮停止拍摄，手机会自动生成一段延时视频

⬆ 延时摄影大师

提示

延时摄影往往需要长时间拍摄，为保证电量充足，建议开启iPhone的省电模式，并准备充电宝。

另外建议在拍摄前，将iPhone设置为飞行模式。因为一旦在拍摄过程中有电话打入，延时视频的拍摄将中断。虽然通话挂断后，iPhone会自动继续拍摄，但中断的部分依然会导致延时视频出现跳帧的现象。

使用 iPhone 录制视频进阶配件及技巧

　　由于视频呈现的是连续的动态影像，因此，与拍摄静态图片不同，需要在整个录制过程中，持续保证稳定的画面和正常的亮度，并且还要考虑声音的问题。所以，想用手机拍摄出优质的短视频，需要更多的配件及技巧才能实现。

保持画面稳定的配件及技巧

三脚架

　　进行固定机位的短视频录制时，通过三脚架固定手机即可确保画面的稳定性。

　　手机重量较轻，市面上有一种"八爪鱼"三脚架，可以在更多的环境下进行固定，非常适合户外固定机位录制视频时使用。

　　而常规的手机三脚架则适合在室内录制视频，其机位一旦选定后，即可确保在重复录制时，其取景不会发生变化。

△ 八爪鱼手机三脚架

稳定器

　　在移动机位进行视频录制时，手机的抖动会严重影响视频质量。而利用稳定器，则可以大幅减弱这种抖动，让视频画面始终保持稳定。

　　根据需要拍摄的效果不同，可以设定不同的稳定模式。例如，想跟随某人进行拍摄，就可以使用"跟随模式"，令画面可以稳定匀速地跟随人物进行拍摄。拍摄"环视一周"的效果，也可使用该模式。

　　另外，个别稳定器还配有手动调焦等功能，就可以轻松用手机实现"希区柯克式变焦"的效果。

△ 常规手机三脚架

△ 手机视频稳定器

移动身体而不是移动手机

在手持手机录制视频时，如果需要移动手机进行录制，那么画面很容易出现抖动。建议各位将手肘放在身体两侧夹住，然后移动整个身体来使手机跟随景物移动，这样画面会稳定很多。

⌃ 当需要移动手机录制山脉全景时，移动身体可以令手机更平稳

替代滑轨的水平移动手机技巧

如果希望绝对平稳地水平移动手机进行视频录制，最佳方案是使用滑轨。滑轨是非常专业的视频拍摄配件，使用起来比较麻烦，所以大多数短视频爱好者都不会购买。

但可以通过将手机先固定在三脚架上，然后在三脚架下垫块儿布（垫张纸也可以，但纸与桌面的摩擦会出现噪音），接下来缓慢匀速地拖动这块儿布就可以实现类似滑轨的移镜效果。

⌃ 缓慢拖动三脚架下面的布，从而较稳定地移动手机

保持画面亮度正常的配件及技巧

利用顺光或侧光打亮人物

逆光虽然经常被用在图片拍摄中，但主要是为了营造剪影效果，或者是在有多方向光源时，利用逆光来勾亮边。

但在短视频录制过程中，布置多个光源对于爱好者来说并不现实，而如果一个视频又完全以剪影呈现（除特殊艺术效果）会使画面显得非常单调。

所以，尽量利用顺光或者侧光，打亮视频中的人物或者场景，从而让观者能够看到更丰富的画面。

⌃ 利用侧光打亮画面中的人物并进行拍摄

通过 iPhone 调节画面亮度或锁定亮度拍摄

在视频录制过程中调整画面亮度是不可取的，会极大地影响视频效果。因此，需要在录制前，通过 iPhone 的曝光补偿功能调整至合适的画面亮度再进行录制。

如果在录制过程中，光线发生变化，在默认设置下，iPhone 会自动调整曝光量从而始终确保画面的亮度是正常的。

但在某些情况下，您可能希望真实地记录光线变化造成的画面明暗变化，如在进行延时摄影时，日落时画面逐渐变暗是表现时间推移的重要元素，此时就需要长按手机屏幕，直到出现"自动曝光锁定"字样即可。

⌄ 当需要录制出画面亮度随时间推移而变化的效果时，则需要锁定曝光后录制

利用简单的人工光源进行补光

在室内进行视频录制时，即便肉眼观察环境亮度足够，但手机的宽容度要比人眼差很多，所以，往往通过曝光补偿调节至正常亮度后，画面会出现很多噪点。

如果想获得更好的画质，最好购买补光灯对人物或者其他主体进行补光。补光灯通常为 LED 常亮灯，加上柔光罩就可以发出均匀的光线。

环形 LED 补光灯非常适合自拍视频使用。在没有补光灯的情况下，可以将 iPhone 的手电筒打开，从而将闪光灯变为可以补光的常亮灯使用。

⌄ 环形 LED 补光灯

通过反光板进行补光

反光板是常见的低成本补光设备。而且由于是反射光，所以光质更加柔和，不会产生明显的阴影。为了能有较好的效果，需要布置在与主体较近的位置。这就对视频拍摄时的取景有了较高的要求，通常用于固定机位的拍摄（如果是移动机位拍摄，则很容易将附近的反光板录制进画面）。

◆ 反光板

使用外接麦克风提高音质

如果录制的视频中声音不清楚或者有很多杂音，那么使用外接麦克风可以有效解决这些问题。

市面上大多数可以直接连手机使用的麦克风均为 3.5mm 插头，但 iPhone 为 Lightning 接口，所以，在购买时要注意麦克风的接口是否为 Lightning。

如果实在想购买 3.5mm 插头的麦克风也可以，但同时需要购买一个转接头才能正常在 iPhone 上使用。

◆ 可直接在 iPhone 中使用的麦克风

根据平台选择视频画幅的方向

不同的短视频平台，视频展示方式是有区别的。例如，优酷、头条、B 站等平台是通过横画幅来展示视频的。因此，竖幅拍摄的视频，在这些平台上展示时，两侧就会出现大面积的黑边。

抖音、火山、快手这些短视频平台，展示视频的方式是以竖画幅的方式，此时以竖画幅录制的视频就可以充满整个屏幕，观看效果会更好。

所以，在录制视频之前，要先确定发布的平台，再确定是竖幅还是横幅录制。

◆ 竖录视频更适合发布在抖音、快手等手机短视频平台

移动时保持稳定的技巧

即便在使用稳定器时，在移动过程中拍摄也不可太过随意，否则画面同样会出现明显的抖动。因此，掌握一些移动拍摄时的小技巧就很有必要。

始终维持稳定的拍摄姿势

为保持稳定，在移动拍摄时依旧需要保持正确的拍摄姿势。也就是双手拿稳手机（或拿稳稳定器），从而形成三角形支撑，增加稳定性。

憋住一口气

此方法适合在短时间的移动机位录制时使用。因为普通人在移动状态下憋一口气也就维持十几秒的时间。如果在这段时间内可以完成一个镜头的拍摄，那么此法可行；如果时间不够，切记不要采用此种方法。因为在长时间憋气后，势必会急喘几下，这几下急喘往往会让画面出现明显抖动。

保持呼吸均匀

如果憋一口气的时间无法完成拍摄，那么就需要在移动录制过程中保持呼吸均匀。稳定的呼吸可以保证身体不会有明显的起伏，从而提高拍摄稳定性。

⌃ 憋住一口气可以在短时间内拍摄出稳定的画面。

屈膝移动减少反作用力

在移动过程中之所以很容易造成画面抖动，其中一个很重要的原因就在于迈步时地面给的反作用力会让身体震动一下。但当屈膝移动时，弯曲的膝盖会形成一个缓冲：就好像自行车的减震一样，从而避免产生明显的抖动。

提前确定地面情况

在移动录制时，眼睛肯定是一直盯着手机屏幕，也就无暇顾及地面情况。为了在拍摄过程中的安全和稳定性（被绊倒就绝对拍废了一个镜头），一定事先观察好路面情况，从而在录制时可以有所调整，不至于摇摇晃晃。

转动身体而不是转动手臂

在调整拍摄方向时，如果直接通过手臂进行调整，则很容易在转向过程中产生抖动。此时正确的做法应该是保持手臂不动，转动身体调整取景角度，可以让转向过程中更平稳。

短视频录制需要注意的问题

注意手机可用容量

无论是 iPhone X 还是 iPhone 11，均可以录制 4K 视频。4K 视频虽然更清晰，但却会占用手机的大量存储空间。

以拍摄 4K，60fps 视频为例，每分钟需要占用 400MB 的存储空间，录制一段 10 分钟的视频，就需要近 4GB 的空间。

所以，为了能够让视频录制顺利进行，在录制之前务必检查一下 iPhone 的可用容量。

❶ 在设置菜单中点击"通用"选项　❷ 点击"iPhone 储存空间"　❸ 在界面上方即可查看当前 iPhone 的存储空间使用情况

手机调为飞行模式

在视频录制过程中，如果有打入的电话，iPhone 会暂停录制。虽然在挂断电话后，录制会自动继续进行，但即便是短暂的中断，也很有可能导致整个视频需要重新录制，或者是在后期剪辑时进行弥补。

即便没有电话打入，弹出的微信、信息、通知等窗口也会分散注意力，导致在录制过程中出现失误。

▲ 打开设置菜单，即可开启"飞行模式"

手机电量保持充足

录制视频是非常耗电的，因此，在拍摄前最好保证电量充足。尤其在录制延时视频、教学课程视频等，可能需要连续拍摄几个小时的题材时，除了确保电量充足之外，还应该在拍摄过程中将充电宝连上手机，保证在整个录制期间不会有电量耗尽的情况。

▲ 充电宝可使手机进行长时间视频录制

5 个好用的视频录制 APP

美拍

美拍 APP 包含 26 款视频滤镜，以及磨皮、美白、瘦脸等十数种美颜功能选项。还有目前最火爆的 BGM 卡点视频，各位摄友只需要选择喜欢的 BGM（背景音乐），然后选择指定的照片或者视频，美拍 APP 会让照片和视频自动根据背景音乐的节拍切换播放，从而轻松制作节奏感超强的视频。

抖音短视频

使用该 APP 录制视频后可直接发布在目前最火的抖音短视频平台上，录制与分享可以实现同步完成。另外，抖音短视频支持慢动作与快动作视频录制，可以得到更多有趣的效果。

火山短视频

火山短视频 APP 除了常规的滤镜及美颜功能外，其最大的特点在于录制后的视频可一键发送至朋友圈，并且支持超高清视频录制，画面更清晰。

秒拍

秒拍 APP 可以说是视频录制 APP 中的一股清流，干净、清爽的录制界面是其最大的优点。另外，使用该 APP 录制的短视频可以无缝上传至国内火爆的秒拍短视频分享平台。

VUE

VUE 是一款相对专业的短视频录制软件，包含分段录制、慢动作、快动作录制功能，以及丰富的音乐、贴图、字体选择，可以录制出媲美电影的视频效果。

短视频的后期处理方法

使用 iPhone 自带的短视频处理工具

iPhone 自带的短视频处理工具虽然功能相对简单，但基本的润色依然可以实现。录制后的视频可在相册中打开，点击右上角的"编辑"选项后，可以对视频进行基本的后期处理。

如果进行编辑的视频是使用"慢动作"功能录制的，那么还可以选择其中需要进行慢动作处理的片段。

❶ 在相册中找到视频后，点击右上角的"编辑"按钮

❷ 如果录制的是慢动作视频，通过下方红框内的滑动条可选择慢动作效果开始与结束的部分

选择视频滚动条并拖动，可以直接对视频内容进行剪辑，选择希望保留的视频片段。点击右侧的🎛图标，还可以对视频进行曝光、阴影、饱和度等参数的调整，从而起到美化视频的作用。

❸ 如果所编辑的视频不是慢动作视频，则仅能通过下方红框内的视频轨道进行剪辑操作

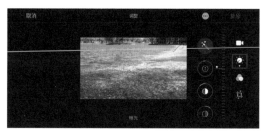

❹ 点击界面右侧的🎛图标可以对视频进行影调、色彩等调整

点击右侧的🎨图标，即可选择不同的滤镜，从而让视频的色调更高级，更有韵味。如果点击右侧的🔲图标，则可以对视频画面进行旋转，以及垂直和水平方向的畸变校正操作。视频处理完成后，点击右上角的"完成"即可保存所做的修改。

❺ 点击右侧的🎨图标可添加滤镜

❻ 点击右侧的🔲图标可对画面进行旋转和畸变矫正操作

使用 VUE Vlog 进行视频后期与剪辑

虽然 iPhone 自带的视频后期工具可以对画面进行一定的润色，但在剪辑、添加音乐及制作特效方面仍然欠缺不少。下面介绍一款功能更全面，也更强大的短视频后期处理 APP：VUE Vlog。

VUE Vlog 的短视频编辑功能非常丰富，为了节约篇幅，此处仅介绍该软件的基本工作流程。通过该流程，也足以让读者将多个视频片段组合成为一个优质的短视频。

导入多个视频片段

首先，需要对前期拍摄的多个视频片段进行剪辑。所谓剪辑，就是减掉不要的视频片段，留下需要的视频片段，然后将需要的视频片段有序地整合成一段视频。

打开 VUE，点击界面下方的 图标（见图 1），在弹出的界面中选择"导入剪辑"（见图 2），然后按照镜头顺序选择需要进行剪辑的片段，并点击界面下方的"导入"按钮，如图 3 所示。

⚠ 图 1

⚠ 图 2

⚠ 图 3

设置镜头速度

按顺序导入的视频如图 4 所示。接下来设置各个片段的镜头速度。所谓镜头速度，即常说的慢动作和快进效果。通常来讲，镜头速度越慢，对于画面情绪的表达就越强烈，也有助于展现场景的意境美，而快速镜头则通常用来表现时间的流逝感。

选择需要编辑的视频片段后，点击"镜头速度"选项，即可选择降低或提高镜头速度。针对该案例，将第一个视频片段设置为 0.75×，也就是降低镜头速度，用来营造场景的韵味与意境，如图 5 所示。第二、第三个视频片段，则以同样的方法，对镜头速度进行设置，如图 6、图 7 所示。

   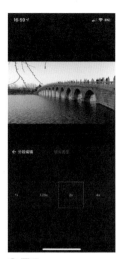

❤图4　　　　　❤图5　　　　　❤图6　　　　　❤图7

对视频片段进行裁剪

镜头速度设置完成后，导入的每一段视频的时长就确定了。但并不是每一段视频素材全部都要在最终的视频中展示出来，所以，在这一步中，需要对视频进行裁剪，将不需要的、多余的，或者是在录制过程中出现问题的部分减掉，保留需要的精华片段。

选择进行裁剪的视频片段，然后点击"截取"选项，如图8所示。在"截取"界面中，通过控制黄色的截取框，可以确定截取视频的时长，滑动截取框，可以选择需要保留的视频片段。

另外，在视频轨道的上方，VUE还内置了几个常用的视频时长，点击之后，截取框会自动变为指定时长。一般来讲，一个镜头的时长通常为3~5秒。当然也有超过10分钟的长镜头，但长镜头很容易让观者产生疲劳感，注意力也很难保持集中。在该案例中，第一段视频的时间控制为3秒，如图9所示；然后按照同样的方法，将第二段和第三段视频进行裁剪即可，如图10和图11所示。

❤图8　　　　　❤图9　　　　　❤图10　　　　　❤图11

为视频添加滤镜

至此，短视频的剪辑基本就完成了，接下来需要对画面进行一定的润色，让其更有美感，而添加滤镜，无疑是最高效的方法。

点击"滤镜 –OR"选项（见图 12），即可进入滤镜选择界面，可根据自己的喜好进行选择。在该案例中，选择的是"MV1"滤镜。为了让整个视频的色调保持一致，所以点击右下角的"应用到全部分段"（见图 13），在弹出的菜单中选择"应用到全部分段"选项即可（见图 14）。

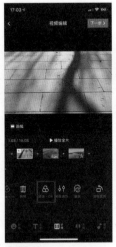
❤ 图 12

❤ 图 13

❤ 图 14

对视频的影调、色彩进行细致调整

为视频添加滤镜后，如果对画面效果已经十分满意了，此步骤是可以略过的。但通常情况下，为了让画面更符合预期效果，需要对其进行细节调整。

选择需要进行细节调整的片段，然后点击"画面调节"选项，如图 15 所示。在进入的界面中，可以对亮度、对比度、饱和度、色温、晕影及锐度共 6 个参数进行调整，如图 16 所示。按照同样的方法，即可对片段 2 和片段 3 进行处理，如图 17 和图 18 所示。

❤ 图 15

❤ 图 16

❤ 图 17

❤ 图 18

为视频添加背景音乐

使用 iPhone 录制视频无法设置静音录制（不使用第三方 APP 的情况下），所以，往往会有很多杂音出现在视频中，这就需要通过后期去掉声音，然后为其添加背景音乐。

首先选择需要静音的片段，然后点击"静音"选项，即可将该片段中的声音取消，如图 19 所示。此案例中将所有片段的声音都进行了静音处理。

接下来要为视频添加背景音乐，点击界面下方的"音乐"选项，如图 20 所示。在进入的界面中选择"点击添加音乐"（见图 21），然后选择背景音乐的类别，或者从手机中导入音乐均可，如图 22 所示。

◆ 图 19

◆ 图 20

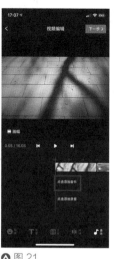
◆ 图 21

◆ 图 22

该案例选择了舒缓风格的音乐，点击具体音乐可进行试听，如果确认使用，则点击右侧的"使用"按钮即可，如图 23 所示。

添加背景音乐后，要注意音乐是否覆盖了整段视频，或者通过手动调整背景音乐轨道，指定音乐覆盖的视频时长和位置。本案例中，笔者希望该段音乐覆盖整个视频，因此确保音乐的开头和结尾与视频开头、结尾一致即可，如图 24 和图 25 所示。

◆ 图 23

◆ 图 24

◆ 图 25

保存并浏览制作完成的视频

在进行以上操作之后，一个完整、简单的视频就制作完成了，接下来将其保存到 iPhone 的相册中即可。

点击界面右上角的"下一步"按钮，然后为这个视频起一个标题（这个标题是在 VUE 中发布视频时使用的），再点击界面右上角的"保存并发布"按钮。接下来即可在手机的相册中找到制作好的视频了。

5 个好用的视频编辑 APP

小影

小影是一款全能的手机视频编辑 APP。无论是一键生成主题视频、添加胶片滤镜，还是修剪、变速、转场，或者是制作画中画、GIF 视频，均可以使用小影 APP 完成。

乐秀

乐秀 APP 同样是一款全面的手机视频编辑软件，除常规功能外，它还具有去水印、去马赛克等特色功能。并且在视频处理完成后可一键发送至微信、抖音、微博等各大内容分享平台。

FilmoraGo

FilmoraGo 视频编辑 APP 的特点在于海量的音乐选择及业内首创的动态文字。如果希望视频更有创意，该 APP 是不错的选择。

巧影

巧影 APP 在多个视频、图片组合编辑的功能上较为强大。支持多重视频叠加，视频、音频分层编辑等更能发挥创意的视频编辑功能。

视频剪辑大师

之所以叫"剪辑"大师，是因为该 APP 具有强大的视频剪辑功能，视频剪辑精度可以达到 0.1s，让多个视频片段衔接更流畅。

用 iPhone 玩转手机直播

直播可以说是手机视频的一个分支，因为大多数配件和技巧，直播和录视频是相同的，但它们之间也有区别。一个最大的区别就是，视频的时效性比较差，并且一个制作精良的视频一定需要经过后期剪辑；但直播的时效性则非常强，没有时间进行后期处理。所以，直播可以理解为录制视频的同时就将视频发布了出去。而且得益于直播超强的时效性，必然少不了与观众即时的交流与互动，而这也是视频所做不到的地方。

直播的网络要求

注意上传速度

网络要求可以说是直播的第一道门槛，如果没有良好的网络支持，观众只能看到断断续续的画面，也自然不会有很好的效果。需要注意的是，平常家用网络，下载速度占带宽的绝大部分，但直播则需要关注上传速度。室内直播，如在某平台实现高清（720p）直播效果，上传网速最低要保证在 2Mbps 以上。而如果想实现超高清（1080p）直播效果，上传网速要达到 5Mbps 以上；室外直播则要保证稳定的 4G 网络。

室内直播时的上传网速可以通过百度搜索"测速网"，进入该网站后点击"测速"按钮，即可得到当前网络的上传和下载速度。如果上传速度过低，则可以致电网络运营商，要求其提高上传速度。

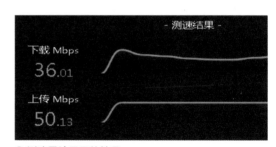

⌃ 测速网站显示的结果

充足的手机流量

进行户外直播时，只能使用手机流量，所以，要确保流量充足，并提前查看剩余流量。一旦流量超出套餐范围，则应该及时购买流量包，防止造成不必要的经济损失。

直播的配件要求

正如上文所说，视频直播属于视频拍摄的一个分支，大部分器材都是通用的。因此本书介绍的短视频必备器材同样适用于直播，但其中部分器材的需求略有不同，将在该小节进行介绍。

两部手机和具有双手机插孔的声卡

如果是用手机录制视频，那么声卡只需要能连接一部手机就可以满足需求。但在直播唱歌时，还需要有另外一部手机播放伴奏。而播放伴奏的手机同样需要连接声卡。因此两部手机和一个具有双手机插孔的声卡就成为唱歌主播的标配。

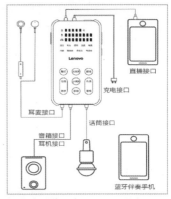

◆ 声卡链接示意图

户外视频直播需要自拍杆

在进行户外视频直播时，一个自拍杆是必不可少的配件。当然如果你有稳定器，也是一个不错的选择。但户外直播其实对于稳定性的要求并不高，因此自拍杆其实就足够了。

◆ 使用简单，携带方便的自拍杆

手机直播的实用技巧

由于直播视频无法做后期，因此需要仔细考虑场景和灯光的布置方法。另外，想让自己的直播有更多的人看，还要掌握一些沟通技巧。

高位布光显脸小

让灯光从高位向下打，此时人物的面颊会出现阴影，从而起到显脸小的效果。当然，采用这种方法布光时，最好在下方放置反光板，用来对下巴进行补光。

◆ 高位光让面颊出现阴影，使面部更显瘦

利用背景布搭建舒适空间

做室内直播时，直播间是否看上去舒适会影响到观众的心情，最好可以通过背景布来营造一个简单干净的空间。如果有条件，对直播间进行简单的布置当然直播效果会更好。

仔细选择手机的直播角度

手机的直播角度主要从两点来考虑。第一点，直播角度要避开环境中的杂物，尽量让场景干净、整洁。第二点，要选择自己最美的角度进行直播，毕竟高颜值更容易给观众留下好印象。

⚠ 利用背景布可以营造一个美观的直播环境

⚠ 通过调整手机的拍摄角度，以墙面作为背景，让直播画面干净、简洁

直播时与观众聊点好玩的事儿

一个短视频可能也就十几秒甚至几秒，但直播的时间往往要达到几十分钟甚至几小时。为了让观众能够在你的直播间中停留更长的时间，幽默与风趣是必不可少的。多聊一聊有趣、好玩的事情，可以活跃直播间的气氛，与观众也更容易产生互动，这样才会有更多的人来看你的直播。

◀ 轻松幽默的直播氛围，往往能吸引更多的观众

第 5 章
拍摄 Vlog 视频或微电影需要了解的镜头语言

认识镜头语言

什么是镜头语言？

镜头语言既然带了语言二字，那就说明这是一种和说话类似的表达方式。而"镜头"二字，则代表是用镜头来进行表达。所以镜头语言可以理解为用镜头表达的方式，即通过多个镜头中的画面，包括组合镜头的方式，来向观众传达拍摄者希望表现的内容。

所以，在一个视频中，除了声音之外，所有为了表达而采用的运镜方式、剪辑方式和一切画面内容，均属于镜头语言。

镜头语言之运镜方式

运镜方式指录制视频过程中，摄像器材的移动或者焦距调整方式，主要分为推镜头、拉镜头、摇镜头、移镜头、甩镜头、跟镜头，升镜头与降镜头共 8 种，也被简称为"推拉摇移甩跟升降"。由于环绕镜头可以产生更具视觉冲击力的画面效果，所以在本节中将介绍 8 种运镜方式。

需要提前强调的是，在介绍各种镜头运动方式的特点时，为了便于各位理解，会说明此种镜头运动在一般情况下，适合表现哪类场景，但这绝不意味着它只能表现这类场景，在其他特定场景下应用，也许会更具表现力。

推镜头

推镜头是指镜头从全景或别的景位由远及近向被摄对象推进拍摄，逐渐推成近景或特写镜头。其作用在于强调主体、描写细节、制造悬念等。

⚠ 推镜头示例

拉镜头

拉镜头是指将镜头从近景或别的景位由近及远调整，景别逐渐变大，表现更多环境的运镜方式。其作用主要在于表现环境，强调全局，从而交代画面中局部与整体之间的联系。

⚠ 拉镜头示例

摇镜头

摇镜头是指机位固定，通过旋转手机而摇摄全景或者跟着拍摄对象的移动进行摇摄（跟摇）。

摇镜头的作用主要为 4 点，分别是介绍环境、从一个被摄主体转向另一个被摄主体、表现人物运动以及代表视频中人物的主观视线。

值得一提的是，当利用 "摇镜头" 来介绍环境时，通常表现的是宏大的场景。而左右摇适合拍摄壮阔的自然美景；上下摇则适用于展示建筑的雄伟或峭壁的险峻。

⚠ 摇镜头示例

移镜头

拍摄时，机位在一个水平面上移动（在纵深方向移动则为推 / 拉镜头）的镜头运动方式被称为移镜头。

移镜头的作用其实与摇镜头十分相似，但在 "介绍环境" 与 "表现人物运动" 这两点上，其视觉效果更为强烈。在一些制作精良的大型影片中，可以经常看到这类镜头所表现的画面。

另外，由于采用移镜头方式拍摄时，机位是移动的，所以画面具有一定的流动感，这会让观者感觉仿佛置身画面之中，更有艺术感染力。

⋀ 移镜头示例

跟镜头

跟镜头又称"跟拍"，是跟随运动被摄对象进行拍摄的镜头运动方式。跟镜头可连续而详尽地表现角色在行动中的动作和表情，既能突出运动中的主体，又能交代动体的运动方向、速度、体态及与环境的关系，有利于展示人物在动态中的精神面貌。

跟镜头在走动过程中的采访，以及体育视频中经常使用。拍摄位置通常在人物的前方，形成"边走边说"的视觉效果。而体育视频则通常为侧面拍摄，从而表现运动员奔跑的姿态。

⋀ 跟镜头示例

环绕镜头

将移镜头与摇镜头组合起来，就可以实现一种比较酷炫的运镜方式：环绕镜头。通过环绕镜头可以360°展现某一主体，经常用于在华丽场景下突出新登场的人物，或者展示景物的精致细节。

最简单的实现方法，就是将手机安装在稳定器上，然后手持稳定器，在尽量保持手机稳定的情况下绕人物跑一圈儿就可以了。

⋀ 环绕镜头示例

甩镜头

甩镜头是指一个画面拍摄结束后，迅速旋转镜头到另一个方向的镜头运动方式。由于甩镜头时，画面的运动速度非常快，所以该部分画面内容是模糊不清的，但这正好符合人眼的视觉习惯（与快速转头时的视觉感受一致），所以会给观者较强的临场感。

值得一提的是，甩镜头既可以在同一场景中的两个不同主体间快速转换，模拟人眼的视觉效果；还可以在甩镜头后直接接入另一个场景的画面（通过后期剪辑进行拼接），从而表现同一时间下，不同空间并列发生的情景，此法在影视剧制作中会经常出现。

⌃ 甩镜过程中的画面是模糊不清的，以此迅速在两个不同场景间进行切换

升降镜头

上升镜头是指手机的机位慢慢升起，从而表现被摄体的高大。在影视剧中，也被用来表现悬念。而下降镜头则与之相反。升降镜头的特点在于能够改变镜头和画面的空间，有助于加强戏剧效果。

需要注意的是，不要将升降镜头与摇镜混为一谈。比如机位不动，仅将镜头仰起，此为摇镜，展现的是拍摄角度的变化，而不是高度的变化。

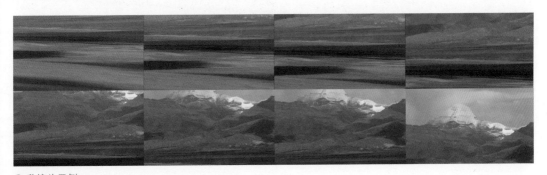

⌃ 升镜头示例

3个常用的镜头术语

之所对主要的镜头运动方式进行总结，一方面是因为比较常用，又各有特点。而另一方面，则是为了便于交流、沟通所需的画面效果。

因此，除了上述这8种镜头运动方式外，还有一些偶尔也会用到的镜头运动或者是相关"术语"，比如"空镜头""主观性镜头"等。

空镜头

"空镜头"指画面中没有人的镜头。也就是单纯拍摄场景或场景中局部细节的画面，通常用来表现景物与人物的联系或借物抒情。

◆一组空镜头表现事件发生的环境

主观性镜头

"主观性镜头"其实就是把镜头当作人物的眼睛，可以形成较强的代入感，并非常适合表现人物内心感受。

◆主观性镜头可以模拟出人眼看到的画面效果

客观性镜头

"客观性镜头"指完全以一种旁观者的角度进行拍摄。其实这种说法就是为了与"主观性镜头"相区分。因为在视频录制中，除了主观镜头就肯定是客观镜头，而客观镜头又往往占据视频中的绝大部分，所以几乎没有人会去说"拍个客观镜头"这样的话。

◆客观性镜头示例

镜头语言之转场

　　镜头转场方法可以归纳为两大类，分别为技巧性转场和非技巧性转场。技巧性转场指的是在拍摄或者剪辑时要采用一些技术或者特效才能实现。而非技巧性转场则是直接将两个镜头拼接在一起，通过镜头之间的内在联系，让画面切换显得自然、流畅。

技巧性转场

淡入淡出

　　淡入淡出转场即上一个镜头的画面由明转暗，直至黑场；下一个镜头的画面由暗转明，逐渐显示至正常亮度。淡出与淡入过程的时长一般各为 2 秒，但在实际编辑时，可以根据视频的情绪、节奏灵活掌握。部分影片中在淡出淡入转场之间还有一段黑场，可以表现出剧情告一段落，或者让观看者陷入思考的作用。

◈ 淡入淡出转场形成的由明到暗再由暗到明的转场过程

叠化转场

　　叠化指将前后两个镜头在短时间内重叠，并且前一个镜头逐渐模糊到消失，后一个镜头逐渐清晰，直到完全显现。叠化转场主要用来表现时间的消逝、空间的转换，或者在表现梦境、回忆的镜头中使用。

　　值得一提的是，由于在叠化转场时，前后两个镜头会有几秒比较模糊的重叠，如果镜头质量不佳的话，可以用这段时间掩盖镜头缺陷。

◈ 叠化转场会出现前后场景景物模糊重叠的画面

划像转场

划像转场也被称为扫换转场，可分为划出与划入。前一画面从某一方向退出屏幕称为划出；下一个画面从某一方向进入荧屏称为划入。根据画面进、出荧屏的方向不同，可分为横划、竖划、对角线划等，通常在两个内容意义差别较大的镜头转场时使用。

⬆ 画面横向滑动，前一个镜头逐渐划出，后一个镜头逐渐划入。

非技巧性转场

利用相似性进行转场

当前后两个镜头具有相同或相似的主体形象，或者在运动方向、速度、色彩等方面具有一致性时，即可实现视觉连续、转场顺畅的目的。

比如上一个镜头是果农在果园里采摘苹果，下一个镜头是顾客在菜市场挑选苹果的特写，利用上下镜头都有"苹果"这一相似性内容，将两个不同场景下的镜头联系起来了，从而实现自然、顺畅的转场效果。

⬆ 利用"夕阳的光线"这一相似性进行转场的 3 个镜头

利用思维惯性进行转场

利用人们的思维惯性进行转场，往往可以造成联系上的错觉，使转场流畅而有趣。

例如上一个镜头，孩子在家里和父母说"我去上学了"，然后下一个镜头切换到学校大门的场景，整个场景转换过程就会比较自然。究其原因在于观者听到"去上学"3 个字后，脑海中自然会呈现出学校的情景，所以此时进行场景转换就会比较顺畅。

⊙ 通过语言和其他方式让观者脑海中呈现某一景象，从而进行自然、流畅的转场

两级镜头转场

利用前后镜头在景别、动静变化等方面的巨大反差和对比，来形成明显的段落感，这种方法被称为两级镜头转场。

由于此种转场方式的段落感比较强，可以突出视频中的不同部分。比如前一段落大景别结束，下一段落小景别开场，就有种类似写作"总分"的效果。也就是大景别部分让各位对环境有一个大致的了解，然后在小景别部分，则开始细说其中的故事。让观者在观看视频时，有更清晰的思路。

⊙ 先通过远景表现日落西山的景观，然后自然地转接两个特写镜头，分别表现"日落"和"山"

声音转场

用音乐、音响、解说词、对白等和画面相配合的转场方式被称为声音转场。声音转场方式主要有以下两种。

1. 利用声音的延续性自然转换到下一段落。其中，主要方式是同一旋律和声音的提前进入，前后段落声音相似部分的叠化。利用声音的吸引作用，弱化了画面转换、段落变化时的视觉跳动。

2. 利用声音的呼应关系实现场景转换。上下镜头通过两个接连紧密的声音进行衔接，并同时进行场景的更换，让观者有一种穿越时空的视觉感受。比如上一个镜头，男孩儿在公园里问女孩儿"你愿意嫁给我吗？"，下一个镜头，女孩儿回答"我愿意"，但此时场景已经转到了结婚典礼现场。

空镜转场

只拍摄场景的镜头称为空镜头。这种转场方式通常在需要表现时间或者空间巨大变化时使用，从而起到一个过渡、缓冲的作用。

除此之外，空镜头也可以实现"借物抒情"的效果。比如上一个镜头是女主角向男主角在电话中提出分手，然后接一个空镜头，是雨滴落在地面的景象，然后再接男主角在雨中接电话的景象。其中"分手"这种消极情绪与雨滴落在地面的镜头中是有情感上的内在联系的；而男主角站在雨中接电话，由于空镜头中的"雨"有空间上的联系，从而实现了自然，并且富有情感的转场效果。

⌃ 利用空镜头来衔接时间和空间发生大幅跳跃的镜头

主观镜头转场

主观镜头转场是指上一个镜头拍摄主体在观看的画面，下一个镜头接转主体观看的对象，这就是主观镜头转场 。主观镜头转场是按照前、后两镜头之间的逻辑关系来处理转场的手法，主观镜头转场既显得自然，同时也可以引起观众的探究心理。

▷ 主观镜头通常会与描述所看景物的镜头连接在一起

遮挡镜头转场

当某物逐渐遮挡画面，直至完全遮挡，然后再逐渐离开，显露画面的过程就是遮挡镜头转场。这种转场方式可以将过场戏省略掉，从而加快画面节奏。

其中，如果遮挡物距离镜头较近，阻挡了大量的光线，导致画面完全变黑；再有纯黑的画面逐渐转变为正常的场景，这种方法还有个专有名次，叫做挡黑转场。而挡黑转场还可以在视觉上给人以较强的冲击，同时制造视觉悬念。

⌃ 当马匹完全遮挡住骑马的孩子时，镜头自然地转向了羊群特写

镜头语言之"起幅"与"落幅"

理解"起幅"与"落幅"的含义和作用

起幅是指在运动镜头开始时,要有一个由固定镜头逐渐转为运动镜头的过程,而此时的固定镜头则被称为起幅。

为了让运动镜头之间的连接没有跳动感、割裂感,往往需要在运动镜头的结尾逐渐转为固定镜头,这就叫做落幅。

除了可以让镜头之间的连接更自然、连贯之外,"起幅"和"落幅"还可以让观者在运动镜头中看清画面中的场景。其中起幅与落幅的时长一般在 1 到 2 秒,如果画面信息量比较大,比如远景镜头,则可以适当延长时间。

◀ 在镜头开始运动前的停顿,可以让画面信息充分传达给观众

起幅与落幅的拍摄要求

由于起幅和落幅是固定镜头,所以考虑到画面美感,构图要严谨。尤其在拍摄到落幅阶段时,镜头所停稳的位置、画面中主体的位置和所包含的景物均要进行精心设计。

并且停稳的时间也要恰到好处。过晚进入落幅则在与下一段的起幅衔接时出现割裂感,而过早进入落幅又会导致镜头停滞时间过长,让画面僵硬、死板。

在镜头开始运动和停止运动的过程中,镜头速度的变化尽量均匀、平稳,从而让镜头衔接更自然、顺畅。

◀ 镜头的起幅与落幅是固定镜头录制的画面,所以要构图比较讲究

镜头语言之镜头节奏

镜头节奏要符合观众的心理预期

当看完一部由多个镜头组成的视频时，并不会感受到视频有割裂感，而是一种流畅、自然的观看感受。这种观看感受的来源正是由于镜头的节奏与观众的心理节奏相吻合的结果。

比如在观看一段打斗视频时，此时观众的心理预期自然是激烈、刺激的，因此即便镜头切换得再快，再频繁，在视觉上也不会感觉不适。相反，如果在表现打斗画面时，采用相对平缓的镜头节奏，反而会产生一种突兀感。

◀ 为了营造激烈的打斗氛围，一个镜头时长甚至会控制在 1 秒以内

镜头节奏应与内容相符

对于表现动感和视觉冲击力的好莱坞大片而言，自然要通过鲜明的节奏和镜头冲击力来获得刺激性；而对于表现生活、情感的影片，则往往镜头节奏比较慢，营造更现实的观感。

也就是说，镜头的节奏要与视频中的音乐、演员的表演、环境的影调相匹配。比如在悠扬的音乐声中，整体画面影调很明亮的情况下，则往往镜头的节奏也应该比较舒缓，从而让整个画面更协调。

◀ 为了表现出地震时的紧张氛围，在 4 秒内出现了 4 个镜头，平均 1 秒一个镜头

利用节奏控制观赏者的心理

虽然节奏要符合观赏者的心理预期，但在视频录制时，可以通过镜头节奏来影响观者的心理，从而让观众产生情绪感受上的共鸣或同步。比如悬疑大师希区柯克就非常喜欢通过节奏形成独特的个人风格。在《精神病患者》浴室谋杀这一段中，仅 39 秒的时长就包含了 33 个镜头。时间之短、镜头之多、速度之快，节奏点之精确，让观者在跟上镜头节奏的同时，已经被带入到了一种极度紧张的情绪中。

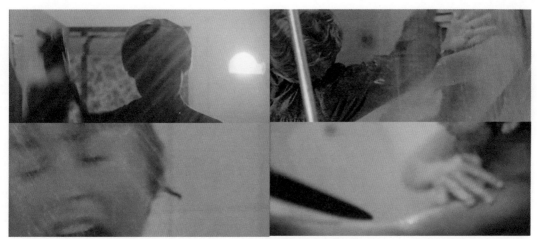

▲《精神病患者》浴室谋杀片段中高节奏的镜头让观众进入到异常紧张的情绪中

把握住视频整体的节奏

为了突出风格、情感表达，任何一个视频中都应该具有一个或多个主要节奏。之所以有可能具有多个主要节奏，原因在于很多视频会出现情节上的反转，或者是不同的表达阶段。那么对于有反转的情节，镜头的节奏也要产生较大幅度的变化；而对于不同的阶段，则要根据上文所述的内容及观众预期心理来寻找适合当前阶段的主节奏。

需要注意的是，把握视频的整体节奏不代表节奏的单调。在整体节奏不动摇的前提下，适当的节奏变化可以让视频更生动，在变化中走向统一。

◀ 电影《肖申克的救赎》开头在法庭上的片段，每一个安迪和法官的近景镜头都在 10 秒左右，以此强调人物的心理，也奠定了影片以长镜头为主，节奏较慢的纪实性叙事方式

镜头节奏也需要创新

就像拍摄静态照片中所学习的基本构图方法一样,介绍这些方法,只是为了让各位找到构图的感觉,想拍出自己的风格,还是要靠创新。镜头节奏的控制也是如此。

不同的导演面对不同的片段都有其各自的节奏控制方法和理解。但对于初学者而言,在对镜头节奏还没有感觉时,通过学习一些基本的、常规的节奏控制思路,可以拍摄或剪辑出一些节奏合理的视频。在经过反复的练习,对节奏有了自己的理解之后,就可以尝试创造出带有独特个人风格的镜头节奏了。

控制镜头节奏的4个方法

通过镜头长度影响节奏

镜头的时间长度是控制节奏的重要手段。有些视频需要比较快的节奏,比如运动视频、搞笑视频等。但抒情类的视频则需要比较慢的节奏。所以大量使用短镜头也就加快了其节奏,从而给观众带来紧张心理;而使用长镜头则减缓了其节奏,可以让观众感到心态舒缓、平和。

⚠ 图示镜头共持续了 6 秒时间,从而表现出一种平静感

通过景别变化影响节奏

通过景别的变化可以创造节奏。景别的变化速度越快,变化幅度越大,画面的节奏也就越鲜明。相反,如果多个镜头的景别变化较小,则视频较为平淡,表现一种舒缓的氛围。

一般而言,从全景切到特写的镜头更适合表达紧张的心理,所以相应的景别变化的幅度和频率会比较高;而从特写切到全景,则往往表现一种无能为力和听天由命的消极情绪,所以更多的会使用长镜头来突出这种压抑感。

◀ 相邻镜头进行大幅度景别的变化,可以让视频节奏感更鲜明

通过运镜影响节奏

通过运镜也会影响画面的节奏,而这种节奏感主要来源于画面中景物移动速度和方向的不同。而只要采用了某种运镜方式,画面中就一定存在运动的景物。即便是拍摄静止不动的花瓶,由于镜头的运动,花瓶在画面中也是动态的。那么当运镜速度、运镜方向不同的多个镜头组合在一起时,节奏就产生了。

▲ 不同镜头的运镜速度相对一致就会营造一种稳定的视觉感受

当运镜速度、方向变化较大时,就可以表现出动荡、不稳定的视觉感受,也会给观者一种随时迎接突发场景,剧情跌宕起伏的心理预期;当运镜速度、方向变化较小时,视频就会呈现出平稳、安逸的视觉感受,给观者以事态会正常发展的心理预期。

通过特效影响节奏

随着拍摄技术和视频后期技术的不断发展，有些特效可以产生与众不同的画面节奏。比如首次在《黑客帝国》中出现的"子弹时间"特效，通过在激烈的打斗画面中，对一个定格瞬间进行360°的全景展现。这种大大降低镜头节奏的做法，在之前的武打片段中是不可能被接受的。所以即便是现在，对于前后期视频制作技术的创新仍在继续。当出现一种新的特效拍摄、制作方法时，就可以产生与原有画面节奏完全不同的观看感受。

⌄《黑客帝国》中"子弹时间"特效画面

利用光与色彩表现镜头语言

"光影形色"是画面的基本组成要素，通过拍摄者对用光以及色彩的控制，可以表达出不同的情感和画面氛围。一般来说，暗淡的光线，低饱和的色彩往往表现一种压抑、紧张的氛围；而明亮的光线与鲜艳的色彩则表现出一种轻松和愉悦。比如《肖申克的救赎》这部电影中，在监狱中的画面，其色彩和影调都是比较灰暗的。而最后瑞德出狱去找安迪的时候，画面明显更加明亮，色彩也更艳丽。这点在瑞德出狱后找到安迪时的海滩场景中表现得尤为明显。

⌄《肖申克的救赎》狱中、狱外的色彩与光影有着明显的反差

多机位拍摄

多机位拍摄的作用

让一镜到底的视频有所变化

对于一些一镜到底的视频，比如会议，采访视频的录制，往往需要使用多机位拍摄。因为如果只用一台手机进行录制，那么拍摄角度就会非常单一，既不利于在多人说话时强调主体，还会使画面有停滞感，很容易让观者感觉到乏味、枯燥。而在设置多机位拍摄的情况下，在后期剪辑时就可以让不同角度或者景别的画面进行切换，从而突出正在说话的人物，并且在不影响访谈完整性的同时，让画面有所变化。

把握住仅有一次的机会

一些特殊画面由于成本或者是时间上的限制，可能只能拍摄一次，无法重复。比如一些电影中的爆炸场景，或者是运动会中的精彩瞬间。为了能够把握住只有一次的机会，所以在器材允许的情况下，应该尽量多布置机位进行拍摄，避免留下遗憾。

⌃ 通过多机位记录不可重复的比赛

多机位拍摄注意不要穿帮

使用多机位拍摄时，由于被拍进画面的范围更大了，所以需要谨慎地选择手机、灯光和采音设备的位置。但对于短视频拍摄来说，器材的数量并不多，所以往往只需要注意手机与手机之间不要彼此拍到即可。

这也解释了为何在采用多机位拍摄时，超广角镜头很少被使用。因为这会导致其他机位的选择受到很大的限制。

方便后期剪辑的打板

由于在专业视频制作中，画面和声音是分开录制的，所以要通过"打板"，从而在后期剪辑时，让画面中场记板合上的那一帧和产生的"咔哒"声相吻合，以此实现声画同步。

但在多机位拍摄中，除了实现"声画同步"这一作用外，不同机位拍摄的画面，还可以通过"打板"声音吻合而确保视频重合，从而让多机位后期剪辑更方便。当然，如果没有场记板，使用拍手的方法也可以达到相同的目的。

简单了解拍前必做的"分镜头脚本"

通俗地理解，分镜头脚本就是将一个视频所包含的每一个镜头拍什么，怎么拍，先用文字写出来或者是画出来（有的分镜头脚本会利用简笔画表明构图方法），也可以理解为拍视频之前的计划书。

在影视剧拍摄中，分镜头脚本有着严格的绘制要求，是拍摄和后期剪辑的重要依据，并且需要经过专业的训练才能完成。但作为普通摄影爱好者，大多数都以拍摄短视频或者 Vlog 为目的，因此只需了解其作用和基本撰写方法即可。

"分镜头脚本"的作用

指导前期拍摄

即便是拍摄一个长度 10 秒左右的短视频，通常也需要 3 个或 4 个镜头来完成。那么 3 个或 4 个镜头计划怎么拍，就是分镜脚本中也该写清楚的内容。从而避免到了拍摄场地现想，既浪费时间，又可能因为思考时间太短而得不到理想的画面。

值得一提的是，虽然分镜头脚本有指导前期拍摄的作用，但不要被其所束缚。在实地拍摄时，如果突发奇想，有更好的创意，则应该果断采用新方法进行拍摄。如果担心临时确定的拍摄方法不能与其他镜头（拍摄的画面）衔接，则可以按照原本分镜头脚本中的计划，拍摄一个备用镜头，以防万一。

∧ 分镜头手稿

后期剪辑的依据

根据分镜头脚本拍摄的多个镜头需要通过后期剪辑合并成一个完整的视频。因此，镜头的排列顺序和镜头转换的节奏，都需要以镜头脚本作为依据。尤其是在拍摄多组备用镜头后，很容易相互混淆，导致不得不花费更多的时间进行整理。

另外，由于拍摄时现场的情况很可能与预想不同，所以前期拍摄未必完全按照分镜头脚本进行。此时就需要懂得变通，抛开分镜头脚本，寻找最合适的方式进行剪辑。

"分镜头脚本"的撰写方法

懂得了"分镜头脚本"的撰写方法，也就学会了如何指定短视频或者 Vlog 的拍摄计划。

"分镜头脚本"中应该包含的内容

一份完善的分镜头脚本中，应该包含镜头编号、景别、拍摄方法、时长、画面内容、拍摄解说、音乐共 7 部分内容，下面逐一讲解每部分内容的作用。

1. 镜头编号

镜头编号代表各个镜头在视频中出现的顺序。绝大多数情况下，也是前期拍摄的顺序（因客观原因导致个别镜头无法拍摄时，则会先跳过）。

2. 景别

景别分为全景（远景）、中景、近景、特写，用来确定画面的表现方式。

3. 拍摄方法

针对拍摄对象描述镜头运用方式，是"分镜头脚本"中唯一对拍摄方法的描述。

4. 时长

用来预估该镜头拍摄时长。

5. 画面

对拍摄的画面内容进行描述。如果画面中有人物，则需要描绘人物的动作、表情、神态等。

6. 解说

对拍摄过程中需要强调的细节进行描述，包括光线、构图，镜头运用的具体方法。

7. 音乐

确定背景音乐。

提前对以上 7 部分内容进行思考并确定后，整个视频的拍摄方法和后期剪辑的思路、节奏就基本确定了。虽然思考的过程比较费时间，但正所谓磨刀不误砍柴工，做一份详尽的分镜头脚本，可以让前期拍摄和后期剪辑轻松不少。

撰写一个"分镜头脚本"

在了解了"分镜头脚本"所包含的内容后，就可以自己尝试进行撰写了。这里以在海边拍摄一段短视频为例，向各位介绍撰写方法。

由于"分镜头脚本"是按不同镜头进行撰写，所以一般都是以表格的形式呈现。但为了便于介绍撰写思路，会先以成段的文字进行讲解，最后再通过表格呈现最终的"分镜头脚本"。

首先整段视频的背景音乐统一确定为陶喆的《沙滩》。然后再分镜头讲解设计思路。

镜头 1：人物在沙滩上散步，并在旋转过程中让裙子散开，表现出在海边的惬意。所以镜头 1 利用远景将沙滩、海水和人物均纳入画面。为了让人物从画面中突出，应穿着颜色鲜艳的服装。

镜头 2：由于镜头 3 中将出现新的场景，所以镜头 2 设计为一个空镜头，单独表现镜头 3 中的场地，让镜头之间彼此具有联系，起到承上启下的作用。

镜头 3：经过前面两个镜头的铺垫，此时通过在垂直方向上拉镜头的方式，让镜头逐渐远离人物，表现出栈桥的线条感与周围环境的空旷、大气之美。

镜头 4：最后一个镜头，则需要将画面拉回视频中的主角：人物。同样通过远景同时兼顾美丽的风景与人物。在构图时要利用好栈桥的线条，形成透视牵引线，增加画面空间感。

▲ 镜头 1 表现人物与海滩景色

▲ 镜头 3 逐渐表现出环境的极简美

▲ 镜头 4 回归人物

经过以上的思考后，就可以将"分镜头脚本"以表格的形式表现出来了，最终的成品请看下表。

镜号	景别	拍摄方法	时间	画面	解说	音乐
1	远景	移动机位拍摄人物与沙滩	3 秒	穿着红衣的女子在海边散步	稍微俯视的角度，表现出沙滩与海水。女子可以摆动起裙子	《沙滩》
2	中景	以摇镜的方式表现栈桥	2 秒	狭长栈桥的全貌逐渐出现在画面中	摇镜的最后一个画面，需要栈桥透视线的灭点位于画面中央	同上
3	中景+远景	中景俯拍人物，采用拉镜方式，让镜头逐渐远离人物	10 秒	从画面中只有人物与栈桥，再到周围的海水，再到更大空间的环境	通过长镜头以及拉镜的方式，让画面逐渐出现更多的内容，引起观者的兴趣	同上
4	远景	固定机位拍摄	7 秒	女子在优美的海上栈桥翩翩起舞	利用栈桥让画面更具空间感。人物站在靠近镜头的位置，使其占据画面一定的比例	同上

第 6 章
夜景与慢门拍摄技法

iPhone 拍摄夜景慢门题材综述

用手机玩转夜景与慢门再也不是天方夜谭。在几年以前，受限于手机较小的传感器和低端的算法，夜景照片不是一片漆黑就是因为噪点太多而惨不忍睹。而当时连延长手机曝光时间的方法都没有，更不用提拍出慢门效果的照片了。于是像夜景人像、夜景建筑、车轨、星空、光绘这类摄影题材，都是专业的单反或者微单才能拍摄的题材。

可如今不同了，随着手机拍摄功能的升级，iPhone 11 已经拥有了夜景模式，可以在手持情况下，拍出亮度正常又清晰的夜景照片。APPStore 中也涌现出多款可以实现慢门摄影效果的 APP，如 ProCam 7、慢快门相机、RCam 等，让手动设置超长曝光时间已经成为可能。

⌃ ProCam 7

⌃ 慢快门相机

⌃ RCam

"能"拍与拍"好"是两个完全不同的概念。如果想用手机拍出精彩的、震撼的夜景与慢门照片，要在具备基本审美标准的前提下，选择正确的拍摄时间与地点，并根据手机的特点，利用一定的拍摄技巧，发挥手机 APP 的作用。否则，即便拿着再好的手机，拍出的也只能是到此一游式的游客照。

城市夜景审美标准

天空最好有细节

拍摄城市夜景最大的一个误区就是等天完全黑下来才出门拍摄，这样拍出的照片背景往往是黑乎乎的一片，只剩下一个个刺眼的灯光，显得既突兀又完全谈不上美感，比如下图。

如果在"蓝色时刻"拍摄，天空会呈现幽蓝色，并且具有云层、色彩渐变等细节表现，配合上夜景建筑的灯光，画面美感与死黑的天空会有较大的改善。

⚠ 一片死黑的天空会让夜景变得很单调、乏味

⚠ 在蓝色天空的衬托下，被暖色灯光照亮的大桥在画面中非常醒目

利用建筑结构表现几何美

建筑摄影想要拍得好，很重要的一点在于能否表现出其几何美感。对于以建筑为主要拍摄对象的城市夜景摄影同样如此。

如果只是简单地把一堆建筑放在画面中，那么画面将是平淡无奇，毫无看点的，比如左下图。

如果可以找到合适的机位，展现出建筑的结构美感，那么这样的城市夜景肯定更夺人眼球。

⚠ 建筑虽然多，但却表现不出几何美感，依旧不能算成功的城市夜景照片

▶ 清楚表现建筑的结构是城市夜景的关键

色彩相对统一避免杂乱

在拍摄城市夜景时，灯光的表现当然是重中之重，有些灯光五颜六色的，很容易造成画面杂乱，比如左下图。

但作为拍摄者，我们又不能去改变城市灯光设计，该怎么办？其实可以通过后期制作，利用 HSL 面板或者色调分离，尽量将其向一种色调靠拢。

比如很常见的黑金风格城市夜景，干脆就只保留橙红色，其他色彩饱和度均非常低，使得画面看上去很干净，更有形式美感。

⊙ 过于艳丽的城市灯光对于夜景拍摄会带来一定的困难

❯ 相对统一的色彩会让城市夜景更干净

要有层次感

很多摄友拍摄城市夜景的时候不注意运用前景营造画面层次感，尤其是"爬楼党"，总是觉得站在越高的楼顶就能拍出越好看的照片，结果自然就拍出右图所示的画面。

确实够高，但拍出来的城市夜景已经变成一个平面了，毫无层次感可言，也不会觉得有多么好看。

但当我们加入前景，营造纵深感之后，拍出的片子就完全不一样了，比如左下图。

从另一点也反映出，iPhone 11 Pro 的超广角镜头不是光为了取景范围大这一个目的，其实更多的还是为了能够利用其突出的透视畸变效果，来营造视觉冲击力，让画面更有层次，更有力量感。

⊙ 利用超广角镜头强化透视关系的特点，可以更好地营造城市夜景的层次感。

❯ 只追求能够拍摄出更大的场景，却忽略了层次感

选择正确的拍摄时间

正如上文所说，夜景拍摄的最大误区就是等天黑才出动拍摄。此时拍摄的画面上的天空已经漆黑一片，不能很好地表达夜景的画面美感。

正确的做法是选择在天色将暗时进行拍摄，在这一时间段里天空的饱和度较高，并呈现出深蓝色，天空依旧具有明暗变化、云层等细节，此时拍摄夜景会得到较理想的画面效果。

这段拍摄夜景的最佳时段就是摄影师常说的蓝色时刻，而且只有 20 分钟左右，随后天空将变得漆黑而不适宜拍摄，所以，需要摄影师提前确定好时间、找好拍摄地点做好准备工作。

由于天文气象等原因，每天的蓝色时刻往往不太一样，因此，建议使用右侧展示的可查询不同时期蓝色时刻的微信小程序。

⚫ 在微信中搜索"莉景天气"小程序

⚫ 在蓝色时刻拍摄，不但夜晚的灯光已经亮起，天空也会呈现深蓝色，与死黑的天空相比，细节更多，也更有层次感

准备好拍摄器材

虽然 iPhone 11 Pro 可以在手持情况下拍出亮度正常并且画面清晰的夜景画面，但如果利用三脚架固定手机进行拍摄，则可以降低快门速度，从而使用更低的感光度进行拍摄，而感光度越低，画面噪点也就越少，与手持拍摄相比，画质也会更高。

⚫ 利用三脚架稳定手机可以获得噪点更少、画质更高的夜景照片

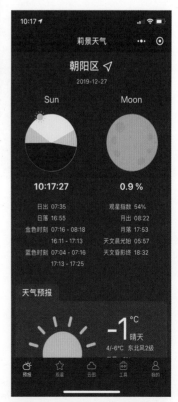

⚫ 看"蓝色时刻"出现的时间

掌握超级夜景拍摄功能

在 iPhone 11 上市之前，苹果手机只能通过第三方 APP 如 ProCam6 等进入夜间模式，并且仅限于自动选取较低的快门速度进行拍摄，其效果与部分专门针对夜景优化了算法的安卓手机要差不少。但随着 iPhone 11 的上市，苹果公司弥补了夜景拍摄的短板，令手机可以在弱光环境下自动开启夜景拍摄功能，并可以手动选择曝光时间，其效果在经过算法优化后，已经能够与顶尖安卓机型相媲美。

当 iPhone 11 自动开启夜景功能后，在界面左上角（竖拿手机）会出现🌙图标。点击该图标，可以手动选择快门速度。根据 iPhone 检测到的环境亮度，其会自动设定可选择的最长曝光时间。

⌃ 在弱光环境下拍摄时，夜景功能会自动开启，并出现🌙图标

⌃ 点击🌙图标，可手动设置快门速度

根据笔者的测试，将黑卡纸贴在 iPhone 11 的镜头上，其最长曝光时间为 28s，也是笔者测试中所能实现的最长曝光时间。另外，如果不希望使用夜景功能，也可手动将其关闭。

⌃ 使用黑卡纸营造近乎纯黑的拍摄环境，其最长曝光时间可达到 28 秒

⌃ 滑动快门速度指示条至最左端，即可关闭夜景模式

提示

值得一提的是，iPhone 11 的夜景功能只能在 1× 或者 2× 变焦时使用。使用其他变焦比拍摄时，即便在弱光环境下拍摄，夜景功能也不会启用。

⌃ 扩大取景范围，选择 0.7x 变焦比拍摄时，夜景功能自动关闭

如果使用的为其他型号的 iPhone，则只能通过第三方 APP
进入夜景拍摄模式，如 ProCam 6、Rcam 等，此处以 ProCam 6
为例讲解使用方法。打开 ProCam 6 后，选择"夜间模式"，并
根据拍摄环境的亮度选择 4 种预设快门速度之一（1 秒、1/2 秒、
1/4 秒或 1/8 秒），环境越暗，则需选择越长的曝光时间。如果在
选择 1 秒曝光时间的情况下，画面亮度依然不足，则需要手动提
高 ISO，直至亮度正常。

此外，在该模式下，由于可以对 ISO 和快门速度进行手动设置，
为了尽量减少画面噪点，可以先手动设置较低的 ISO，然后选择
能够使画面正常曝光的快门速度进行拍摄，此方法在使用三脚架
拍摄夜景时尤为适用。如果是手持拍摄，在快门速度过低时可能
会导致画面模糊，如果出现此种情况，则应该适当提高 ISO 值。

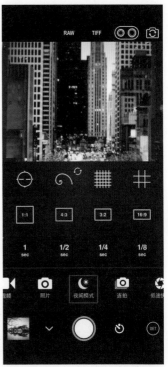

⚠ 如果有三脚架或者其他方式固定手机，则可以手动设置为最低 ISO 值
（100），此时拍摄的照片画质最优，噪点最少

⚠ 第三方 APP 夜景模式设置：打开
APP：ProCam 6，点击左下角的⚠
图标，在弹出的菜单中选择"夜间
模式"选项即可

需要注意的是，在手动设置最低 ISO 值拍
摄，或者 ISO 值与快门速度均为自动时，也许
会因为快门速度较慢，导致画面中的运动景物
出现拖影等动态模糊的情况。此时就需要各位
根据预期效果，来适当提高快门速度和 ISO 值，
在保证画面亮度正常的同时，拍出理想的画面。

⚠ 通过夜景功能，iPhone 也可以拍摄出细腻的夜景照片

提示

如果使用的为 iPhone 11，并且通过第三
方 APP：ProCam 6 进入夜景模式拍摄，那么
iPhone 11 自带的夜景模式算法将失效。

利用环境光拍摄质量更高的夜景人物

虽然通过降低快门速度或者提高 ISO 可以在夜间依旧利用手机拍出亮度正常的照片,但低速快门容易拍糊,高 ISO 又会产生大量噪点。所以,为了能够在夜间拍摄出质量较高的照片,利用环境光是最好用的方法。

环境光多种多样,可以是路灯、发光的广告牌,也可以是下图中的烟火。烟火照亮了孩子们的脸庞,也照亮了周围的环境,由此可以拍摄出画质较高的夜景画面。

环境光不仅有提亮的作用,还可以为画面增添氛围。依然以下面这张照片为例,烟花的光芒让画面出现了明暗分布。烟花燃烧位置的不同,也让孩子们面部的受光出现了差别,而最出彩的明显是离镜头最近的孩子,摄影师则抓住了这一点,拍下了这张照片。

⌃ 摄影:宋义勇

巧用对焦及曝光锁定拍摄夜景光斑效果

夜景光斑效果其实是通过虚焦拍摄夜晚的灯光而得来的。但当使用 iPhone 时，手机会自动对取景画面进行对焦，那么如何才能获得虚焦效果呢？

此时可以通过手动点击取景范围内，与灯光有一定纵深距离的景物进行对焦，从而将灯光拍出光斑效果。

如果附近没有合适对焦的景物，则可以对焦到自己的手，并长按屏幕，直至出现"自动曝光 / 自动对焦锁定"字样，之后就可以重新构图，并拍出夜景光斑效果了。

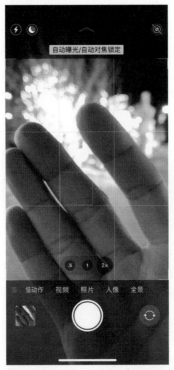

❶ 对焦到手部，并长按屏幕锁定曝光和对焦

❷ 将手移开，并重新构图后拍摄

由于在对焦到手部，并长按屏幕后，曝光也会被锁定，所以，光斑很有可能会出现过亮的情况。此时可以用手指轻轻上下划动屏幕，即可在锁定曝光和对焦的情况下，调整画面亮度。切记要轻轻划动屏幕，既不是点击屏幕，也不要按住屏幕，否则手机均会重新对焦并测光。

⌃ 利用对焦及曝光锁定功能拍摄的唯美光斑效果

利用慢门拍摄星空

因为星空拍摄属于慢门摄影，所以需要手动设置拍摄参数，并使用三脚架进行固定后才能够拍摄出清晰的星空照片。

iPhone 可以通过第三方 APP：ProCam 6，并使用"低速快门"功能进行星空摄影。星空、星轨拍得好看与否除了与成像质量有关，前景的选择也至关重要。可以在天不是很黑的时候先拍摄一张前景，通过后期 APP 软件与星轨进行合成，也可以在拍摄时用手电筒照射前景进行补光。确定好了北极星的位置，也就确定了星轨的位置之后，配合树木、山峰或者一些标志性的建筑进行拍摄都是不错的选择。

❶ 苹果手机需打开 ProCam 6 APP，点击界面右侧的 ◢◣图标，选择"低速快门"选项

❷ 选择"低光"模式，然后确定曝光时间即可开始拍摄。如果选择"Bulb"，则可根据画面亮度随时停止拍摄，操作方法与安卓机型相同。即第一次按下快门按钮，开始拍摄；第二次按下快门按钮，结束拍摄

⊙ 通过水面作为前景，并且由于使用慢门拍摄的原因，水面被雾化了，使照片增添了一些动感与灵性

提示

要拍摄星空及后面要讲解的车轨、光绘等题材，并非只能通过 ProCam 6 拍摄，使用"慢快门相机"（Slow Shutter Cam）或者 RCam 等具有慢门功能的 APP 也可以实现同样效果。

利用慢门拍摄绚丽的车轨

除了星空和流水，车轨照片也可以利用手机拍摄。

方法依旧非常简单，通过"实况"功能就可以得到光轨画面，但光轨会非常短。如果想获得下面例图中的长线条光轨照片，则依旧需要使用第三方 APP：ProCam 6，并选择"低速快门"功能，拍摄模式选择"光轨"，然后确定合适的曝光时间即可。

需要注意的是，在停止拍摄后，需要继续保持手机稳定，直到照片处理结束，以保证画面的清晰度。

在取景方面，如果在街道旁边拍摄车轨，机位一定要低，这样拍出来的车轨是分开的、有层次的，给人的视觉冲击力更强。如果是在高处俯拍，建议寻找有交叉或者有弯道的公路进行拍摄，这样的照片线条美感更强。

❶ 苹果手机选择"低速快门"功能

❷ 选择"光轨"拍摄模式，并确定曝光时间即可拍摄

◆ 利用慢门拍摄出的光轨可以令画面更具动感

利用慢门拍摄出无人的景区

　　看着景区优美的风光，肯定想拍一些美图，但过多的游客会让画面显得很凌乱。除了巧妙寻找视角避开人群之外，也可以通过第三方 APP：ProCam 6，在选择"低速快门"功能后，点击"动态模糊"模式进行拍摄。

　　这里要提醒大家的是，通过慢门去掉人群仅限于走动的人群。曝光时间越长（ 即快门时间越慢 ），人流移动得越快，"去人"效果就越好。但长时间曝光会增加噪点，降低画质，所以，需要各位摄友结合照片质量和最终效果多多尝试。

❶ 苹果手机在打开第三方 APP：ProCam 6 之后，选择"低速快门"功能

❷ 选择"动态模糊"模式，确定快门速度即可开始拍摄

⚠ 利用慢门拍摄可以让景区的游人在画面中消失

利用慢门拍摄光绘

"光绘"也就是用光去画画。使用 iPhone 在拍摄光绘时，同样需要利用使用 ProCam 6 中的"光轨"模式。但由于光绘的时间很难提前确定，因此选择"Bulb"，也就是 B 门进行拍摄。

B 门的特点在于，点击快门按钮，手机即开始拍摄；当再次点击快门按钮时，手机结束拍摄。因此，使用 B 门可以在拍摄过程中，根据光绘的情况确定拍摄时间。

在点击快门按钮后，尽量保持手机稳定，并开始舞动手电筒或者荧光棒等发光物体，光线的线条则会出现在画面中。

在拍摄过程中，画面会随曝光时间发生变化，当显示的画面达到预期效果后，再次点击快门按键，即可停止拍摄。

需要注意的是，在拍摄光绘时要确保周围的环境比较暗，原因有两个：

一是比较暗的环境更容易凸显光绘的亮线条，画面效果更好。二是如果环境不够暗，很容易出现过曝的情况，根本没有进行光绘的时间。

❶ 选择"Bulb"模式后即可按下快门按钮拍摄

❷ 随拍摄时间延长，画面逐渐变亮，并出现绘制的光轨线条，完成光轨绘制后，按下快门按钮即可结束拍摄

◀ 利用 B 门，不用担心光绘没完成但曝光结束的情况出现

利用慢门营造与众不同的效果

慢门摄影不仅仅局限于星空、光绘、车轨这种常见的慢门拍摄题材，任何一个场景，只要有移动的景物，都可以通过慢门来营造与众不同的效果。

例如，在水族馆中拍鱼，拍摄出清晰的鱼类姿态太过常见，除非构图非常巧妙，再加上鱼本身的色彩、姿态确实出众，否则很难拍出让人眼前一亮的照片。但进行慢门摄影时，就可以将鱼拍摄为虚化的状态，颇具抽象美感。

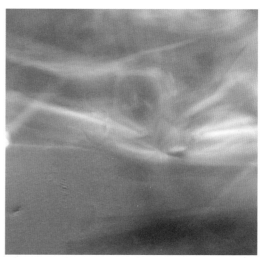

⚠ 正常模式下拍摄的清晰画面　　　　　　⚠ 利用慢门拍摄的场景

再如下图中的佛像，如果只是拍摄这尊佛像的外观未免太过平常，而利用慢门将走动的游客拍成虚化的状态，静止不动的佛像则自然非常清晰，一实一虚的对比，营造出看破世间纷扰的意境感。

这种效果，使用前面讲述过的任何第三方慢门类 APP 均可实现。

⚠ 正常模式下拍摄的清晰画面　　　　　　⚠ 利用慢门拍摄的场景

提示

慢门拍摄除了可以使用 ProCam 6 之外，还可以使用 Slow Shutter Cam、Motion Camera 等 APP 实现。

第7章
理解照片美感的来源：
构图、用光与色彩

本章扩展学习视频

1. 理解摄影构图的重要性并掌握两大构图原则

2. 深入学习摄影中常用的 15 种构图法则

3. 摄影中常用的 5 种光线的特点及实战运用技巧

4. 了解什么是软硬光，什么是大小光比

注意：如果扫码不成功，可尝试遮挡其他二维码。

构图：画面美感的来源

为什么构图对于手机摄影来说格外重要

当我们举起手机对景物有选择、有意识地进行拍摄的时候，就是在构图。广义上的构图是指通过构思，寻找拍摄角度，选择拍摄对象，运用调整影调、色彩、明暗、虚实等手段，对真实的三维世界进行取舍、加工，从而形成富有表现力的画面的过程。

狭义上的摄影构图是指在拍摄中对画面的布局、结构和效果的安排与把握，也就是把点、线、面、空间、形状等通过一定的技术手段及技巧进行有机结合，在深化表现主题的前提下，使画面更有美感。

例如下面这张照片，前期拍摄时通过连拍，抓拍到追光灯照射到主演身上的画面，在后期处理时又通过裁剪，调整照片的明暗、对比度与色彩的方法，使照片色彩绚丽、焦点突出、对比强烈。

吸引大家目光的"主体"一定要突出

"主体"即指拍摄中所关注的主要对象，是画面构图的主要组成部分，也是集中观者视线的中心和画面内容的主要体现者。

主体可以是单一对象，也可以是一组对象；可以是人，也可以是物。

主体是构图的中心，画面构图中的各种元素都围绕着主体展开，因此，主体有两个主要作用，一是表达内容，二是构建画面。

灵活利用后面讲解的使画面简洁的方法，可以让主体更加突出。

让主体更美的叫"陪体"，不能喧宾夺主

所谓陪体，是相对于主体而言的。一般来说陪体分为两种，一种是和主体相一致或加深主体表现，来支持和烘托主体；另一种是和主体相互矛盾或背离的，拓宽画面的表现内涵，其目的依然是为了强化主体。

陪体必须是画面中的陪衬，用以渲染主体，陪体在画面中的表现力不能强于主体，不能本末倒置。

例如，右边这张照片，就是通过陪体来支持和烘托主体。如果没有枯黄的落叶作为前景，画面的空间感和深秋的氛围感就会大打折扣。

如何学好构图

通过优秀的照片学习构图

如果要全面学习构图，建议使用下面介绍的构图方法，欣赏和分析别人拍摄的优秀照片，并且在看到一张你认为很美的照片时，要问自己几个问题：

- 这张照片的主体是什么？
- 这张照片吸引我的点在哪儿？
- 是以什么角度拍摄的？
- 为何将主体放在这里？

当在照片中找到这几个问题的答案后，就可以逐渐有意识地控制画面中的元素，对如何处理主体让画面显得更美也有一定的概念。

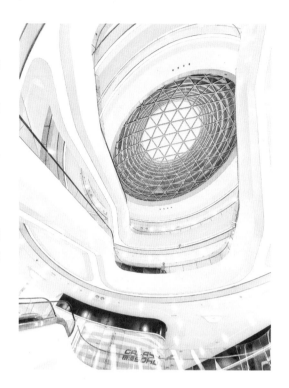

学习常用的构图方式

摄影史长达百年，在这期间，摄影师们总结出了若干种构图方法，如九宫格、三角形、S形构图、水平线等十数种构图规则。

对于摄影初学者而言，熟记并理解这些构图规则，并在摄影实践活动中灵活运用，就能够使自己的照片看上去更美一些。

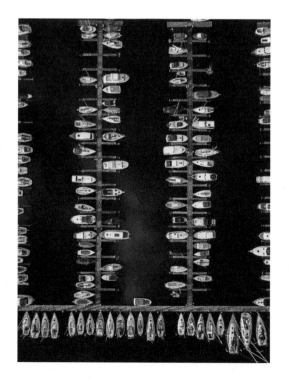

敢于创新

构图创新的方法多种多样，但可以一言蔽之，即"不走寻常路"。这并不是指无须学习基础的摄影构图理论了，而是指在融会贯通所学理论后，才可以达到的境界，只有这样构图创新才不会脱离基本的美学原理，也才可以达到"从心所欲，而不逾矩"的境界。

例如右图所示的这张荷花照片，摄影师舍弃了直接对着荷花拍摄，而是拍摄水中荷花的倒影，给观者一种别致的视觉感。

杜绝拿起就拍

手机摄影，优势主要在于轻便，也正因为手机很轻便，很多摄友还没有找到合适的构图，就急不可耐地按下了快门，这样拍出的照片通常七扭八歪，毫无美感可言。

正确的流程是在拿起手机拍摄时，首先需要思考的是还有没有其他构图方式更能表现当前画面的美感。拍摄同样的场景，有些摄友拍摄得很漂亮，有的则拍摄得惨不忍睹，造成这种现象的很大一部分原因就是后者没有对构图进行仔细思考。

决定拍摄的视角

横着拍

如果在拍摄时横着拿手机，那么就是标题中所指的横着拍。遇到以下两种情况，应该采用这种拍摄方法。

第一种，拍摄的景物或者对象是在水平方向上进行延伸的，如连绵不绝的山脉、河流，横着躺的模特儿，采用这种方式所拍摄出来的画面，被称为横画幅。横画幅符合人们的视觉习惯和生理特点，因为人的双眼是水平的，因此，水平的横画幅构图给人以自然、舒适、平和、宽广的视觉感受。

第二种，需要表现某一个对象在水平方向上的运动趋势或者速度，如水平跑的小朋友、赛车、田径运动等。

由于横着拍摄的时候，画面是在水平方向上延展的，所以，这种画面不适合拍摄全身人像，除非这个要拍摄的人在画面中所占的比例较小，主要表现的是宽广的空间。

使用这种方法拍摄时需要双手把持手机，因此在方便程度上略差一点。

竖着拍

　　垂直拿手机进行拍摄，是绝大多数手机摄影爱好者使用最频繁的姿势之一，因为使用这种姿势时，单手就可以完成操作，因此非常方便快捷，这符合人们对手机摄影的基本定义。

　　用这种方法所拍摄出来的画面，称为竖画幅，常用于表现垂直方向上的对象，如站立的人物、高耸的建筑、高大的树木等，以表现被摄主体的高大、挺拔、崇高之势。

　　是否选择竖画幅还应该考虑主体与环境之间的逻辑关系，当两者之间的逻辑关系是纵向上展开的，就应该选择竖画幅，例如，一个小朋友手指天空的气球，或者夜晚亮起的电灯，否则应该选择横画幅。

斜着拍

　　有时需要斜着拿手机进行拍摄，使用这种方法进行拍摄的原因通常是，横着拿手机拍摄无法将需要表现的对象全部纳入画面，这时，就必须斜着拿手机。在这种情况下，可以将要表现的对象安排在手机的两个角上，如左上角或者右下角。

　　采用这种方法，拍摄出来的照片也称为横画幅，但是与常规横画幅有较大的区别，因为照片中天空与地面（如果有的话）实际上是一个三角形，这很容易给观众不完整的感觉。所以，在斜着拿手机拍摄时，也不妨将地平线或者水平线向上或者向下多移动一些，以使天空、地面的面积在画面中占得尽量大一些。

向上拍

仰视角度拍摄是将摄影机镜头安排在视平线之上，由下向上拍摄被摄体。

仰视角度拍摄往往有较强的抒情色彩，可使画面中的物体呈现某种优越感，暗含高大、赞颂、敬仰、胜利、庄重等含义，能让观者产生相应的联想，具有强烈的主观感情色彩。

仰视角度拍摄有利于表现位置较高或高大垂直的景物，尤其是当景物周围的拍摄空间较小时，仰视角度可以充分利用画面的深度来包容景物的体积。

仰视角度拍摄还有利于简化背景。它往往能够找到干净的天空、墙壁等作为背景，从而避开主体背后杂乱的景物，使画面更简洁，有利于突出主体。

仰视角度拍摄尤其是使用广角镜头时，会使景物本身的线条向上产生汇聚，从而产生一种向上的冲击力，但容易形成夸张变形的效果，因此，在塑造画面形象和表达主题时要加以控制。

另外，仰视角度拍摄时如果使地平线处于画面的下方，可以突出画面宽广、高远的横向空间感。如果将地平线处理在画外，则往往是使用大仰角拍摄，画面形式感和主观因素都较强。

向下拍

俯视角度拍摄是摄影机镜头处在正常视平线之上，由高处向下拍摄被摄体。

俯视角度拍摄有利于展现空间、规模、层次，可以表现出远近景物层次分明的空间透视感，有利于表现画面主体如山脉、原野、阅兵式等的气势或地势，也有利于展示物体间的相互关系。

俯拍角度会改变被摄事物的透视状况，形成上大下小的变形，尤其在使用广角镜头时更为明显，拍摄时要加以控制。

俯视角度拍摄往往具有强烈的主观感情色彩，常表示反面、贬义或蔑视的感情色彩。在影视摄影当中，常运用俯拍角度形成的变形贬低或丑化某些事物。

俯视角度拍摄还具有简化背景的作用，它可以找到水面、草地等单纯的景物作为背景，从而避开地平线上杂乱的景物。如果拍摄距离较远的话，还可以隐没被摄主体的细部，简化构图。

另外，俯视角度拍摄可以造成前景景物的压缩，使其处于画面偏下的位置，从而突出后景中的事物。而且俯视角度拍摄对跳跃动作高度的表现具有压低作用，并使物体的顶面变成可见的，有助于表现物体的立体状态和体积。

俯视角度拍摄时如果使地平线位于画面的上方，可以增加画面的纵深感，使画面透视感更强。如果将地平线处理在画外，则往往是用大俯视角度拍摄，这种角度可以更好地表现地面景物。

伸出去拍

得益于手机的轻便和灵巧，使我们能够在许多无法使用专业数码相机的场景下进行拍摄。例如，站在窗户旁边将手机伸出去拍摄建筑的墙面；站在景区的栏杆旁边，将手机伸出去拍摄；在空旷寂寥的公路上狂奔时，将手机伸出车窗，进行拍摄；甚至可以排队时，将手机伸出去拍摄，来看一看前后队伍到底有多长。

如果在拍摄时使用了自拍杆，那么手机伸出去的长度能够大大增加，能够拍摄到一些非常难得一见的角度。

提示

在高速运动着的交通工具中，不建议采用这种方法进行拍摄。

另外，在船上或不稳定的地方也不建议，以防止手机不小心跌落，造成无法挽回的损失。

靠近了拍

在摄影界有一句名言："你拍得不够好，是因为你靠得不够近。"这句话在一定程度上是具有指导意义的，例如，微距摄影或者特写表现物体局部的情况下，只要能够对焦，靠近一点拍摄就能够使照片更有震撼效果。

使用手机靠近对象进行拍摄，有如下两个好处。

第一，众所周知，使用手机拍摄时比较难以获得类似于使用专业数码相机所能够获得的背景虚化效果。但如果单纯从拍摄距离来说，靠近被拍摄对象进行拍摄，所获得的背景虚化效果还是好一些。因此，如果希望照片有朦胧的背景虚化效果，不妨距离拍摄对象更近一些。

◠ 距离花朵较远拍摄的效果

第二，靠近了拍摄，能够在最大程度上使拍摄对象的细节充满画面，这对于刻画被拍摄对象的特色还是很有帮助的。例如，经常可以看见那些表现老人的摄影作品，采用特写的方式表现其面部细密的皱纹与松弛的皮肤。

◠ 靠近花朵拍摄的效果，可以看出，靠近之后，花朵上的水滴被拍摄得格外清晰

举起来拍

盲拍是许多摄影师都必须掌握的一种摄影技巧，通常应用在于人群中进行拍摄。对于使用专业数码相机的摄影师来说，这是一种难度比较高的拍摄方式，因为要保证成功率，盲拍时需要长时间或多次高高举起专业的数码相机，这对于臂力稍弱的摄影师来说，绝对是一个挑战。如果使用轻巧的手机进行拍摄，就不存在这个问题了。

虽然看起来盲拍是靠着蒙、靠着猜拍摄，实际上也有一定的技巧。

首先，拍摄之前必须对手机镜头的拍摄范围有明确的了解。也就是说，要知道站在多远的距离能够拍摄多大的场景，主体大致在画面中能够处于一个什么位置。实际拍摄时，只要确保主体在画面的大致中心位置就可以了。

其次，拍摄的时候，拇指一定要在快门按钮的旁边，这样可以随时按下快门，抓拍自己想要的画面。

最后，盲拍时不可避免地会拍摄到一些不需要的景物，这时就需要通过后期来进行裁剪，得到自己所需要的画面。

将相机举起来拍摄，不仅能够进行盲拍，如果要拍摄的对象在较高的位置，而摄影师的个子比较低，还可以利用将手机举起来拍摄的方法，进行灵活构图，以弥补身高不足。

另外，遇到这种拍摄情况的时候，一定要记着使用自拍杆，这样能够大大提高拍摄成功率。

贴地面拍

将手机放低，贴着地面拍，能够得到一种非常奇特的视角，尤其是在草地里采用这种方法拍摄时，原本微小的绿草在画面中会显得非常巨大。这种与常识迥然不同的画面，不禁让人想起《格列佛游记》中的小人国篇章。

拍摄时最好在画面中安排一个小"主角"，这样画面才会更有小人国的感觉。

提示

拍摄时建议倒着拿手机，因为手机的摄像头通常是在顶部，倒着拿手机拍摄，可以让画面的视角更低一些。

5 个使画面简洁的方法

画面简洁的一个重要原因就是力求突出主体，下面介绍 5 个使画面简洁常用的方法。

仰视以天空为背景

如果拍摄现场太过杂乱，而光线又比较均匀的话，可以用稍微仰视的角度拍摄，以天空为背景营造比较简洁的画面。可以根据画面的需求，适当调亮画面或压暗画面，使天空过曝成为白色或变为深暗色，以得到简洁的背景，这样主体在画面中会更加突出。

❯ 用仰视的角度拍摄，避开杂乱的环境，以天空为背景得到简洁的画面

俯视以地面为背景

如果拍摄环境中条件限制太多，没有合适的背景，也可以以俯视的角度拍摄，将地面作为背景，从而营造出比较简单的画面。使用这种方法时可以因地制宜，例如，在水边拍摄时，可以让水面成为背景；在海边拍摄时，可以沙滩为背景；在公园拍摄时，可以草地为背景。

找到纯净的背景

要想画面简洁，背景越简单越好，由于手机不能营造比较浅的景深，也就是说，背景不可能虚化得非常明显。为了使画面看起来干净、简洁，最好选择比较简单的背景，可以是纯色的墙壁，也可以是结构简单的家具，或者画面内容简单的装饰画等。背景越简单，被摄主体在画面中就越突出，整个画面看起来也就越简单、明了。

形影自守
慢生活。

故意使背景过曝或欠曝

如果拍摄的环境比较杂乱，无法避开的话，可以利用调整曝光的方式来达到简化画面的效果，根据背景的明暗情况，可以考虑使背景过曝成为一片浅色或欠曝成为一片深色。

要让背景过曝，就要在拍摄时增加曝光；反之，应该在拍摄时降低曝光，让背景成为一片深色。

使背景虚化

如前所述，利用背景朦胧虚化的效果，可以有效地突出主体。华为 P30 Pro 的人像模式、大光圈模式及超微距模式，均可以拍摄出自然的虚化效果，从而起到简化背景的作用。

使用普通拍照模式，如果是近距离拍摄景物，并且让景物与背景的距离较远，也可以营造出虚化效果。

用对比表达画面之美

　　利用对比进行构图是一种常用手法，它可以将注意力吸引到主体上，并使其成为画面中压倒性的中心。任何一种差异都可以形成对比，如大小、形状、方向、质感及内容。

　　无论是哪一种艺术创作，对比几乎都是最重要的艺术创作手法之一，虚实、明暗、颜色等，都可以成为对比的方式。

如梦似幻：虚实对比

　　人们在观看照片时，很容易将视线停留在较清晰的对象上，而对于较模糊的对象，则会自动"过滤掉"，虚实对比的表现手法正是基于这一原理，即让主体尽可能的清晰，而其他对象则尽可能模糊。人像、花卉摄影通常使用虚实对比手法来突出主体。

　　如右侧这张照片，通过设计一个蜜蜂采蜜的场景，再利用虚实对比的手法，从而拍摄出一张唯美、梦幻的图片。

以小博大：大小对比

大小对比是最直观的突出主体的方式，可以通过近大远小的透视关系，让主体离镜头近一些，陪体远一些，这样主体占画面的画幅比较大，从而突出主体。

主体"小"陪体"大"也是突出主体的一种方式，而且会使照片充满意境。重点在于，主体虽小，但位置一定要处在视觉中心。

如右侧这张照片，画面中的人物是主体，所占画幅比例远不如天空、地面，但由于人物处在视觉中心，所以，观者依旧会被主体所吸引，让画面颇具意境美。

情感丰富：色彩对比

最容易形成对比的方式之一，就是利用颜色形成对比，如青与红、洋红与绿、蓝与黄都可以在颜色上形成鲜明对比。注意在构图时尽量让画面中一种颜色的面积较大，而另一种颜色的面积较小，可以考虑以 3 : 7 甚至 2 : 8 的比例分配画面。

此外，对画面中主体外的景物进行去色处理也是一种色彩对比的构图手法，即通过使用后期APP，只保留主体的颜色来表达情感、思想。这种方法得到的画面属于有色与无色的对比类型。

赋予灵性：动静对比

运动的主体与静态的背景对比可以让主体显得更为突出，如右图中采蜜的蜜蜂与花卉形成了鲜明的动静对比，让观者的视线不自觉地集中在主体蜜蜂上，使得蜜蜂更为生动，画面也充满灵性。

光影旋律：明暗对比

要用明暗对比手法表现对象时，常用以下两种方式。

第一种，通过合适的构图与曝光控制，使要突出的明亮主体处于较暗的环境，即以暗衬明。在此情况下，画面部分是黑色、深灰色影调，给人以稳重、神秘、倔强、粗放、含蓄的感觉，常用于表现严肃、厚重、淳朴、忧愁、神秘、压抑、悲伤、恐怖等情绪色彩。

第二种，让暗淡主体处于较亮的环境中，即以明衬暗。常见的剪影照片，就是典型的以明衬暗。

此时构成照片的往往是白色、浅灰色、亮影调，画面明快、淡雅，给人以纯洁、清秀、轻盈、宁静、愉悦的感觉。

10 种常用构图法则

三分法构图

三分法构图是黄金分割构图法的一个简化版，它是以 3×3 的网格对画面进行分割，主体位于任意一条三分线或交叉点上，都可以得到突出表现，且给人以平衡、不呆板的视觉感受。

现在大多数手机都有网格线辅助构图功能，可以帮助我们很快地进行三分法构图。

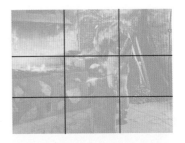

⚠ 将人置于画面的三分线位置，成为画面的兴趣点

水平线构图

水平线构图能使画面向左右方向产生视觉延伸感，增加画面的视觉张力，给人以宽阔、安宁、稳定的画面效果。在拍摄时可根据实际拍摄对象的具体情况，安排、处理画面的水平线位置。

例如，右边的三张照片拍摄的其实是同一个场景。根据画面要表达的重点不同，使用了在画面中三种不同高度的水平线构图方式。

如果想着重表现地面景物，可将水平线安排在画面的上三分之一处，避免天空在画面中所占面积过大。

反之，如果天空中有变幻莫测、层次丰富、光影动人的云彩，可将画面的表现重点集中于天空，此时可调整画面水平线，将其放置在画面的下三分之一处，从而使天空的面积在画面中比较大。

除此之外，还可以将水平线放置在画面中间位置，以均衡对称的画面形式呈现开阔、宁静的画面效果，此时地面与天空各占画面的一半。

⚠ 高水平构图的画面很适合表现地面的景物　　摄影：刘娟

⚠ 中水平线构图的画面看起来给人以很平稳的感觉
摄影：刘娟

提示

在海边或空旷的地方拍摄，需要以水平线构图时，为避免水平线倾斜，可开启手机上的水平仪模式。

⚠ 低水平线构图的画面很好地表现了乌云密布的景象

垂直线构图

与水平线构图类似，垂直线构图能使画面在上下方向产生视觉延伸，可以加强画面中垂直线条的力度和形式感，给人以高大、威严的视觉感受。摄影师在构图时可以通过单纯截取被摄对象的局部，来获得简练的垂直线构成的画面效果，使画面呈现出较强的形式美感。

为了获得和谐的画面效果，不得不考虑线条的分布与组成。在安排垂直线时，不要让它将画面割裂，这种构图形式常用来表现树林和高楼林立的画面。

⚠ 垂直线构图表现树林，将其生机勃勃的生命力表现得很好，画面很有形式美感

斜线构图

斜线构图能使画面产生动感，并沿着斜线的两端方向产生视觉延伸，加强了画面的延伸感。另外，斜线构图打破了与画面边框相平行的均衡形式，与其产生势差，从而突出和强调斜线部分。

使用手机摄影时握持姿势比较灵活，所以，为了使画面中出现斜线，也可以斜着拿手机进行拍摄，使原本水平或者垂直的线条在手机屏幕的取景画面中变成一条斜线。

⚠ 利用玻璃反射在画面中形成多条斜线，从而增强了画面的动感

对称构图

对称构图是指画面中的两部分景物以某一根线为轴，轴的两侧在大小、形状、距离和排列等方面相互平衡、对等的一种构图形式。

通常采用这种构图形式来表现拍摄对象上下（左右）对称的画面，有些对象本身就有上下（左右）对称的结构，如鸟巢、国家大剧院就属于自身结构是对称形式的。因此，摄影中的对称构图实际上是对生活中对称美的再现。

还有一种对称式构图是由主体与反光物体中的虚像形成的对称，这样的画面给人一种协调、平静和秩序感。

⚠ 基本上所有的皇家建筑都追求极致的对称

框式构图

框式构图是借助于被摄物自身或者被摄物周围的环境，在画面中制造出框形的构图样式，以将观者的视点"框"在主体上，使其得到观者的特别关注。

"框"的选择主要取决于其是否能将观者的视点"框取"在主体物之上，而并不一定非得是封闭的框状，除了使用门、窗等框形结构外，树枝、阴影等开放的、不规则的"框"也常常被应用到框式构图中。

⚠ 巧妙利用滑梯通道形成框式构图，使观众的目光聚集在小女孩的身上

透视牵引构图

透视牵引构图能将观者的视线及注意力有效牵引，聚集在画面中的某个点或线上，形成一个视觉中心。它不仅对视线具有引导作用，还可大大加强画面的视觉延伸性，增加画面空间感。

画面中相交的透视线条所成的角度越大，画面的视觉空间效果越显著，因此，在拍摄时的镜头视角、拍摄角度等都会对画面透视效果产生相应的影响。例如，镜头视角越广，越可以将前景更多地纳入画面，从而加大画面最近处与最远处的差异对比，获得更大的画面空间深度。

曲线构图

S 形曲线构图是通过调整拍摄的角度，使所拍摄的景物在画面中呈现 S 形曲线的构图手法。由于画面中存在 S 形曲线，因此，其弯曲所形成的线条变化，能够使观众感到趣味无穷，这也正是 S 形构图照片的美感所在。

如果拍摄的题材是女性人像，可以利用合适的摆姿使画面呈现漂亮的 S 形曲线。

在拍摄河流、道路时，也常用 S 形曲线构图手法来表现河流与道路蜿蜒向前的感觉。

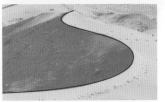

散点式构图

散点式构图看似很随意，但一定要注意点与点的分布要比较匀称，不能有一边很密集，另一边很稀疏的情况，否则画面会给人一种失重的感觉。

选择散点式构图时，点与点之间要有一定的变化，如大小对比、颜色对比，否则画面会感觉很呆板。

这种构图形式常用于拍摄花卉、灯、糖果等静物题材。

趣味点构图

趣味点构图的重点在于"以小博大"，有时可能只占画面很小的一部分，却是整张照片的重点，有着化腐朽为神奇的功效。也许很多大场景的照片让人感到视觉疲劳，但一张照片上某个小小的趣味点，却能让人眼前一亮，如同人们在平静的湖面上投下一粒石子，掀起层层涟漪。

利用趣味点构图，需要做好以下几点：

- 寻找趣味点。找到趣味点并不难，如果两个人出去玩，可以让其中一个人作为趣味点，另外一个人拍照。如果是自己出去玩，也可以利用自己作为趣味点，把手机用三脚架或其他方法固定，然后进行拍照。

- 突出趣味点。趣味点本来就小，所以，一定要将其放在视觉中心。为了能够让观者一眼注意到趣味点的存在，环境一定要简洁，画面中不能有太多干扰因素。同时，利用明暗对比来突出趣味点也是一个不错的选择。

- "点"不能太小。虽说趣味点要小才能有它独特的意境美，但是也不能小到根本看不出是什么。例如，如果画面中的趣味点是人，那么一定要让观者清晰分辨出人的轮廓，否则会给人感觉就是一个黑点，或者是一根木杆，那种天人合一的意境也就不复存在了。

通过后期进行二次构图

通过后期改变画幅与比例

通过后期裁剪可以轻松改变照片画幅。一幅横画幅的照片，裁切后可以改变竖画幅；反之，一幅竖画幅的照片也可通过后期裁剪变为横画幅。此外，还可根据需要，灵活地将照片裁剪成 1：1、3：4 或 16：9 的比例。

⌃ 经过后期调整后由横画幅变为竖画幅

⌃ 经过后期调整后由竖画幅变为横画幅

通过后期裁剪突出重点

iPhone 11 Pro 手机的前置摄像头和后置摄像头均最高为 1200 万像素，所以，无论使用的是前置摄像头还是后置摄像头，均能够拍出大尺寸照片。

由于使用手机拍摄的照片通常不会打印成大幅照片，而是在手机或计算机上欣赏，因此，在进行后期处理时，可以大胆裁剪，使照片的重点更突出，主题更鲜明。

例如，下面的小图是原照片，整个场景显得比较杂乱，但通过裁剪后，照片的主体与主题马上鲜明了起来。

依据不同光线的方向特点进行拍摄

善于表现色彩的顺光

当光线照射方向与手机拍摄方向一致时，这时的光即为顺光。

在顺光照射下，景物的色彩饱和度很高，拍出来的画面通透、颜色亮丽，可以拍摄颜色鲜艳的花卉。

很多摄影初学者很喜欢在顺光下拍摄，除了可以拍出颜色亮丽的画面外，因其没有明显的阴影或投影，所以很适合拍摄女孩子，可以使其脸上没有阴影，尤其是用手机自拍的时候，这种光线比较好掌握。

但顺光也有不足之处，即在顺光照射下的景物受光均匀，没有明显的阴影或者投影，不利于表现景物的立体感与空间感，画面较呆板乏味。

为了弥补顺光的缺点，需要让画面层次更加丰富，例如，使用较小的景深突出主体；或是在画面中纳入前景来增加画面层次；或利用明暗对比的方式，就是指以深暗的主体景物配明亮的背景或前景，或以明亮的主体景物配深暗的背景。

⚠ 顺光示意图

◀ 顺光下女孩的面部几乎没有阴影，看起来很白皙　　摄影：陈维静

善于表现立体感的侧光

当光线照射方向与手机拍摄方向成 90° 角时，这种光线即为侧光。

侧光是风光摄影中运用较多的一种光线，这种光线非常适合表现物体的层次感和立体感，原因是侧光照射下，景物的受光面在画面上构成明亮部分，而背光面形成阴影部分，明暗对比明显。

景物处在这种照射条件下，轮廓比较鲜明，纹理也很清晰，立体感强，因此，用这个方向的光线进行拍摄，最易出效果，所以，很多摄影爱好者都用侧光来表现建筑物、大山的立体感。

⌃ 侧光示意图

⌃ 侧光下建筑的立体感很强

逆光环境的拍摄技巧

逆光就是从被摄景物背面照射过来的光，被摄主体的正面处于阴影部分，而背面处于受光面。

在逆光下拍摄的景物，如果让主体曝光正常，较亮的背景则会过曝；如果让背景曝光正常，那么主体往往很暗，缺失细节，形成剪影。

所以，逆光下拍摄剪影是最常见的拍摄方法。但由于 P30 Pro 强大的后期算法，在逆光拍摄时，手机会自动对照片进行处理，并生成一张主体与背景均曝光正常的照片，丰富了对于拍摄效果的选择。

拍摄时要注意以下两点：

第一，逆光拍摄时，需要特别注意强烈的光线进入镜头，在画面上产生眩光。因此，拍摄时应该随时调整手机的拍摄角度，查看画面中是否出现眩光。

第二，拍摄剪影时，测光位置应选择在背景相对明亮的位置上，点击手机屏中天空部分即可，若想剪影效果更明显，则可以在手机上减少曝光补偿。

⌃ 逆光示意图

◖ 逆光下的人物都形成了剪影效果，画面具有很强的形式美感

依据光线性质表现

用软光表现唯美画面

软光实际上就是没有明确照射方向的光，如阴天、雾天、雾霾天的天空光或者添加柔光罩的灯光。

这种光线下所拍摄的画面没有明显的受光面、背光面和投影关系，在视觉上明暗反差小，影调平和，适合拍摄唯美画面。例如，在人像拍摄中常用散射光表现女性柔和、温婉的气质和娇嫩的皮肤质感。实际拍摄时，建议在画面中制造一点亮调或颜色鲜艳的视觉趣味点，使画面更生动。

⚫ 摄影：陈维静

用硬光表现有力度的画面

当光线没有经过任何介质散射或反射，直接照射到被摄体上时，这种光线就是硬光，其特点是明暗过渡区域较小，给人以明快的感觉。

直射光的照射会使被摄体产生明显的亮面、暗面与投影，因而画面会表现出强烈的明暗对比，从而增强景物的立体感。非常适合拍摄表面粗糙的物体，特别是在塑造被摄主体"力"和"硬"的气质时，可以发挥直射光的优势。

▶ 直射光下画面很明朗，阴影也很明显　　　摄影：胡婷

如何用色彩渲染画面的情感

让画面更有冲击力的对比色

在色彩圆环上位于相对位置的色彩，即为对比色。一幅照片中，如果具有对比效果的色彩同时出现，会使画面产生强烈的色彩效果，常给人留下深刻的印象。

在摄影中，通过色彩对比来突出主体是最常用的手法之一。无论是利用天然的、人工布置的或通过后期软件进行修饰的方法，都可以获得明显的色彩对比效果，从而突出主体对象。

在对比色搭配中，最明显也最常用到的就是冷暖对比。一般来说，在画面中暖色会给人向前的感觉，冷色则有后退的感觉，这两者结合在一起就会有纵深感，并使画面更具有视觉冲击力。

在同一个画面中使用对比色时，一定要注意，如果使画面中每种对比色平均分配在画面上，不仅达不到使画面引人瞩目的效果，还会由于对比色相互抵消，使画面更加不突出。因此，两种颜色在画面中占的面积一定要一大一小。

▲ 对比色示意图

▲ 暖色的屋顶与深蓝色的天空形成了色彩对比，画面很有视觉冲击力

● 视频学习 ●

扫描下方二维码学习什么是光源色，什么是固有色，两者与摄影的关系是什么。

让画面表现和谐美的相邻色

在色环上临近的色彩相互配合，如红、橙、橙黄，蓝、青、蓝绿，红、品、红紫，绿、黄绿、黄等色彩的相互配合，由于它们反射的色光波长比较接近，不至于明显引起视觉上的跳动。所以，它们相互配置在一起时，虽然没有强烈的视觉对比效果，但是会显得和谐、协调，使人们得到平缓与舒展的感觉。

需要指出的是，相邻色构成的画面较为协调、统一，却很难给观赏者带来较为强烈的视觉冲击力，这时则可依靠景物独特的形态或精彩的光线为画面增添视觉冲击力。

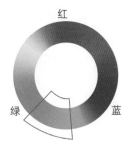

⌃ 相邻色示意图

⌃ 黄绿相间的邻近色调的画面看起来很和谐

确保画面有主色调

主色调表现的是一幅摄影作品的整体颜色。通俗来讲，虽然在一幅摄影作品中可以出现多种颜色，但照片的总体要有一种倾向，是偏蓝还是偏红，是偏暖还是偏冷等，这种倾向的颜色就是主色调，观众想象力与情绪也由此而激发。

这就像小说、电影中有主角和配角一样，在一个画面中，色调也要分主次。如果一幅摄影作品没有一个统一的有倾向性的主色调，就会显得杂乱无章，让观众的眼睛无所适从。

要让照片拥有主色调，可以按照下面的方法进行操作。

- 选择画面的大部分是具有同一色调的景物，如绿草地、蓝色的墙、黑色的衣服，等等，总之只让一种颜色占据画面的绝大部分。
- 在某种有颜色的光线下进行拍摄，如在黄色、红色的灯光下拍摄，这样的光线具有染色的效用，能够使画面具有统一的光线色。
- 利用拍摄软件或者后期软件中的滤镜，使画面具有某一种颜色。

利用黑白使照片独具魅力

黑白摄影可以带我们进入一个单色的世界，在这个世界中，任何色彩都不再存在，物体只表现为明与暗，呈现为黑灰白三种色彩。观看作品时，注意力会全都被画面要表达的事物或者情绪所占据，使得黑白在画面中更具有象征性，更显得单纯化，更富有想象空间，这正是黑白摄影的魅力所在。

展示黑白效果的魅力，情感是构思的重点。黑、白、灰是黑白摄影的基本元素，构思中可运用对比、呼应、平衡等手段，结合情感的需要，借助于黑、白、灰色来构成黑白摄影的艺术视觉效果，营造独特的艺术氛围。需要注意，并非所有的风光、人像题材都适合被拍摄或处理成为黑白照片。如果要获得类似中国水墨画效果的黑白照片，应该拍摄那些有大面积云雾或雪地的场景，只有这样才可以根据水墨画中"计白当黑"的理论与留白的手法，得到有水墨韵味的黑白摄影作品。

第8章
美女、儿童与纪实人像拍摄技法专题

本章扩展学习视频

1. 如何使用后期 APP 修除杂物及无关人员，以获得纯净的画面

2. 在手机上用 APP 将人像照片调出日式小清新色调

3. 拍出背景虚化、人像白皙有情绪的人像照片方法

4. 五招拍出活泼灵动的儿童摄影作品

注意：如果扫码不成功，可尝试遮挡其他二维码。

选择最美的自拍角度

自拍也是非常讲究角度的，恰当的拍摄视角不仅可以增强美感，而且可以很好地遮盖脸部的小瑕疵，所以，要想让自拍照更漂亮，一定要学习一些自拍角度的小技巧。

平视自拍显真实

自拍的时候，可以以平视角度拍摄，这个角度自拍的画面真实感强，能真实表现自己的脸型和五官。平视自拍时直视手机镜头拍出的画面会很有亲切感，如果想营造一种是"别人拍的"感觉，可以看向侧面，会使得平视自拍更加自然。在画面中尽量不要出现自拍时伸长的手臂，更不能出现自拍杆，以避免破坏画面。

◀ 平视可以很好地表现脸部五官特征　　摄影：陈维静

侧脸式自拍轮廓清晰

侧脸的角度并不常见，如果自拍者拥有完美的侧脸，可以尝试选择侧脸式的自拍方式。这种角度比较适合脸型轮廓较好，立体感比较强的人。

采用这种角度来自拍有一定的难度，通常需要将手臂从身体的左侧或者右侧伸出去，进行盲拍。由于无法看到屏幕中的自己，因此无法有针对性地调整自己的面部表情、头部的角度，可能需要尝试若干次，才能够得到一张令人满意的照片。

▶ 如果脸部轮廓好看，选择侧脸拍摄也不错
　摄影：陈维静

局部自拍表现神秘感

拍摄不完整的景物有一个特点，那就是可以引发观者的联想。在自拍时同样有这个效果，无论是只拍眼睛还是只拍嘴唇或者只拍锁骨，缺失的部分总会让观者浮想联翩。但有一个前提，那就是只拍摄的这部分必须足够惊艳，这样才能吸引观者的眼球。

以右图为例，只拍摄的部分是最引人注目的红色嘴唇，并利用黄金分割构图法将其放在了视觉中心，使观者的注意力瞬间被吸引，并对照片中的人物长相进行联想，从而营造出了一种神秘感。

▲ 只留下引人注目的嘴唇，让画面充满神秘感
　摄影：陈维静

人像摄影常用的 12 个技巧

简单的背景更适合拍摄人像

之所以说简单的背景适合手机拍摄人像，是因为以目前的技术手段，手机拍摄还无法像单反那样拍出漂亮的背景虚化效果，而简单的背景可以确保即便没有突出的背景虚化，也可以做到主体突出。

只要你善于观察，简洁的背景在生活中很常见，天空、墙面、灌木丛、工厂大门等都可以作为人像拍摄的背景。这样，即便没有像单反那样突出的虚化效果，依然可以得到优秀的人像照片。比如右下方的照片，就是以墙面作为背景，暗暗的花纹还有一种别样的美感。左下方的照片以整齐的风车为背景。

⌃ 摄影：陈维静

玩出镜花水月般的创意自拍

在有化妆镜、衣帽镜或镜面反射的电梯间时，不妨与镜子中的自己互动一下。或者自己用自拍杆拍摄，或者请其他人拍摄，都能获得很有意思的照片。

▶ 摄影：刘玲

如何拍出回头间的风情

"回眸一笑百媚生，六宫粉黛无颜色"是唐代诗人白居易《长恨歌》里的诗句，描写的是杨贵妃回头一笑，娇媚百生，美丽的容颜使后宫的妃嫔尽失光彩。这是一句很有画境的诗句，因此常被摄影师用来拍摄女性人像。

拍摄的时候可以刻意也可以无意。摄影师既可以在拍摄之前就告诉模特，需要走在什么位置上猛然间回头并且露出笑容，以便于摄影师抓拍回眸一笑的瞬间，也可以在其完全不知情的情况下，在模特的身后猛然喊名字，待她回头的瞬间拍摄。

> **提示**
>
> 模特回头不能过猛，幅度过大，否则头部与脖子的角度就不自然。如果是长发，要注意甩起的长发造型是否好看。如果模特身着飘逸长裙，还要考虑裙子摆动的角度及造型。

轻松拍摄小清新人像

小清新人像给人一种自然、亲切、温馨的感觉，会让人感觉比较放松。这种照片的特点是对比度低，色彩饱和度也低，这样才会让人的眼部刺激变小，也是看小清新照片不会让人感觉那么累的原因。基于此点，在拍摄小清新类人像的时候，模特的妆容最好是淡妆，口红的颜色也要以低饱和色为主，着装最好休闲一点，或者走一走淑女风是非常好的选择。

⌃ 摄影：卜泽

侧面一样美丽

亚洲人的脸型生来就没有欧美人那样立体，如果拍摄时光线也不理想，效果肯定不会令人满意，在这种情况下不妨从侧面来找找角度。

从侧面来拍摄人像的时候，一定要注意表现人物所在的环境，并且照片中的人物最好能够有一定的肢体动作，否则，虽然从侧面可能拍到了人物比较美的一面，但是，如果没有环境衬托、缺乏肢体动作，照片就会显得生硬，没有内容，更谈不上感染力。

ᐱ 摄影：玲妹妹和她的朋友们

只拍人体局部

即使拍人像，摄影师也不一定需要将被拍摄的对象全部纳入画面，可以只拍摄这个对象的局部，使画面更有想象力。例如，只拍摄唇、眼、耳、胸、背、手、腰、肚脐、肩、锁骨、腿、脖子等人体的局部。

拍摄时，一定要掌握光线与构图，使这部分身体在画面中表现出优美的线条。在拍摄的时候可以配合使用一些道具，比如，拍手的时候可以在手中拿着画笔，或者口红，或者一枝花，又或者是一只戒指，不同的道具能够传达出不同的意味。

ᐱ 摄影：何淑琪

利用环境烘托气氛

拍摄人像时，一定要特别注意利用环境来烘托气氛、营造感觉，尤其是在旅拍人像的时候，一定要在画面中安排当地有特色的景观、建筑物。那种从画面中流露出浓浓异域风情的照片，更容易吸引观众的目光。

只是，在拍摄的时候，一定要注意控制人物在画面中的比例。如果人物面积较大，那么环境在画面中所占的面积就会比较小，起不到利用环境烘托气氛营造感觉的作用；如果人像在画面中所占的面积过小，也会减弱人物与环境互动的效果。这两种情况是没有摄影常识的爱好者最容易犯的错误。

⌃ 摄影：刘娟

抓拍自然动作体现动感

拍摄人物时，如果抓拍其瞬间的动作，往往会有动感十足的感觉，更容易表现被摄者生动自然的状态。

要想使画面充满动感，所选择的拍摄动作最好是介于两个连续的动作之间，处于一种不稳定的状态。动作看起来越稳定，画面的动感就会越差，反之一个动作看起来越不稳定，那么画面的动感就越强烈。

而且，这样的画面总是能够让观者联想前一个动作与后一个动作，因此画面的想象空间也比较大。

⌃ 摄影：玲妹妹和她的朋友们

拍摄简洁画面的人像

　　简洁的画面能够更好地突出表现人物，但是我们面对的拍摄环境比较纷繁复杂，因为手机拿在手里不知什么时候就要拍照，可能拍摄者身处闹市中，也可能是在繁花盛开的田野里。越是在繁杂、混乱的场景中，我们就越是要寻找到那些能够使画面简洁起来的前景或者背景，如一面墙、一扇门，甚至是晾晒在绳子上的床单。

⌃ 摄影：刘娟

拍出修长身材和小脸效果

　　无论是自拍还是拍他人，大家都追求"脸小眼大惹人怜"的效果，若要得到这种效果可站起身来俯拍，就是手机的位置高于被拍摄者，被拍摄者的眼睛不用看镜头，可向前侧方望去，这样拍出的神态更有魅力。拍摄的时候要竖拿手机，这样可以形成竖画幅的构图，而竖构图非常适合表现女性修长苗条的身材。另外，由于绝大多数的手机镜头都是 35 毫米的定焦镜头，因此采用这种角度，可以使被摄者的身材看起来更加修长。

别看镜头

画面中的人像直视镜头的照片总给人一种不自然的做作的感觉，拍摄时可以尝试一下让被摄者看着天空处，或者斜前方，或是若有所思，拍出来的画面效果会不一样。不盯着镜头时被拍摄者会很放松，会更自然地表现自己的情绪，这与想要拍摄小清新画面的主题很吻合。由此可见，改变一下拍摄方式，会收获不一样的画面效果。

不过需要注意的是，要给被拍摄者的眼神方向留出空间来，这样画面看起来会很舒服，既避免了视线堵塞，又创造了令人遐想的空间。拍摄完，还可以利用手机中的滤镜效果营造不一样的画面气氛。

不露脸也能拍美照

颜值高的人在拍照片的时候自然更具优势，但这也并不意味着低颜值的人无法拍照了。下面就介绍几个与长相无关的美照拍摄方法。

拍摄背影

拍摄背影并配合简洁的背景，可以传达出独特的意境美，并且让画面有一种深沉、耐人寻味的感觉。如果场景足够空旷，还可以拍摄出典型的天人合一的照片。

由于在画面中没有面部，因此，为了让照片有看点，画面中的人物应该摆出极具个性或美感的姿势。或者通过人物与环境产生互动，增加照片的看点。

将自己捂得严严实实

出外旅游，尤其是去一些环境比较恶劣的地带，如沙漠、雪山等，总是要将自己捂得严严实实。此时只要选一个好的景色，然后人往手机前一站，一张不错的人像照片就拍好了。虽然捂得严实，但熟悉你的朋友一定能一眼认出这就是你，肯定会在屏幕那边投来羡慕的目光。

让自己在照片中小一点

让自己在画面中的比例小一点，反而会突出壮美的自然景观，但在拍摄时要注意将人物放在画面的黄金分割点上，不要让观者忽略了人物的存在，否则，再壮丽的景色也会由于缺少这点睛一笔而失去照片的意境美。

比如右面这张照片，即使画面中大部分都是星空，但主体人物却依旧突出，原因就在于将主体放在了黄金分割点附近。

如何在拍摄时进行数码描眉、画眼、上妆、补妆

　　在数码技术异常发达的今天，女性在拍摄前已经不再需要花费大量时间化妆，因为许多拍摄 APP 内置的数码化妆功能，能够较好地完成遮瑕、描眉毛、画眼线、涂腮红、换口红色等上妆、补妆操作。

　　不仅如此，拍摄时利用 APP 内置的功能，还能够得到瘦脸、加双眼皮、扩大眼睛、拉高鼻子、削尖下巴等经过医学微整形才有的效果。

B612咔叽　　　　无他相机

△ B612 拍摄界面

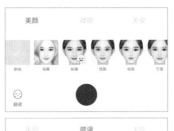

△ 使用"无他相机"拍摄时，也可以根据需要对面部各部位进行美化

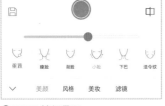

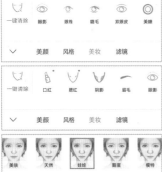

△ 使用 B612 拍摄时，可以根据需要对面部各部位进行美化

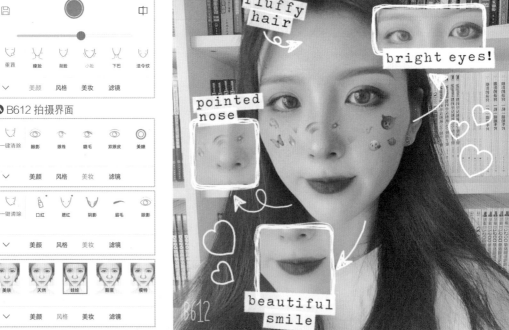

△ 使用"无他相机"拍摄的照片效果之一

如何拍出既可爱又有趣的照片

　　为了让照片既好看又有趣，许多拍摄类 APP 增加了有趣的挂件功能，使用后可以让模特"长出"猫耳朵，让画面撒满玫瑰花，让模特被爱心围绕。

　　其中功能比较丰富的是右侧所列的 6 款 APP。

 美图秀秀　 B612咔叽　无他相机

 天天P图　 美颜相机　 轻颜相机

⌃ 不同 APP 内置的拍摄挂件

⌃ 使用不同 APP 拍摄出来的既可爱又有趣的照片

不会摆姿怎样拍出百变美照

　　不同模特有不同的美，如何引导模特展现最美的一面，是每个摄影师都希望掌握的摄影技巧。其中摆姿被认为是解决上述问题的有效方法之一，只要掌握多种摆姿技巧，业余模特也能够在镜头前挥洒自如。好在手机摄影时代，摆姿难学、难记的问题，被内置示范摆姿的APP有效解决。

女性版

　　使用"轻颜相机"APP拍摄时，点击上方的POSE图标，即可调出不同场景下的预设摆姿，模特只需要依据屏幕白色线条摆出相应动作即可，操作简单又方便。

轻颜相机

⚠ "轻颜"摆姿拍摄界面

⚠ 利用摆姿引导拍出来的照片

⚠ "轻颜"APP提供的摆姿

男性版

　　"型男相机"是一款专门为男性量身定制的拍摄 APP。开启 APP 后单击下方的"构图线"图标，即可调出不同场景下的预设摆姿，拍摄时只需要依据屏幕白色线条摆出相应动作即可。

　　值得一提的是，这款 APP 内置的摆姿极为丰富，不仅有适合个人拍摄的摆姿，还有适合情侣、朋友、亲子、家庭合影的摆姿。

型男相机

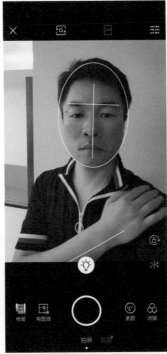

⋀ "型男相机" APP 拍摄界面

⋀ "型男相机" APP 提供的自拍摆姿

⋀ "型男相机" APP 提供的多人合影摆姿

与家人朋友合影这样拍摄

合影也要考虑好造型

和同学、朋友合影，大家通常都一排站好，造型万年不变。其实完全可以摆一些更随意的造型。

只要做到下面两点就会拍出不一样的合影照。

- 站的位置要有前有后，有高有底，彼此不用离得太近，做到错落有致、有疏有密，这样看起来就会自然很多。
- 姿势要放松，侧身、手插兜，或有一些互动性的动作都是可以的，总比死板站在那里或双手背后要强得多。

以后拍合影的时候，作为摄影师的你就可以按照这种方式去安排他们的位置了，关键在于要随意。

⬆ 摄影：林梓

合影时模拟电影经典画面

许多电影都有非常经典的画面，如曾经热映的电影《匆匆那年》中，几个朋友相靠而坐、目视远方的画面就非常经典。如果在合影时能够模仿这些经典的画面，则能够让合影照片又多了一种文艺气质。以后翻看照片的时候，也会引起对当时欢乐情景的回忆。

▶ 摄影：刘娟

怎样拍摄活泼可爱的孩子

不高兴的时候也要拍

　　小孩儿的天性在于他们的纯真，所以，当他们还处在不会在别人面前掩饰自己的表情时，要尽可能地去拍摄，哪怕是拍摄不高兴甚至是哭泣时的表情；而当他们长大了，在别人面前就会不自觉地控制自己的表情，不高兴的时候不会嘟嘴，想哭的时候也不会号啕大哭，这时再想留住这种真实的情感表达就已经晚了。

⊘ 摄影：zz photo

用小孩子的视角去拍摄

　　因为小孩子比较矮，所以看到的世界与成年人其实是不同的。因此，在拍摄的时候，要多蹲下，多弯腰，多从孩子的视角去拍摄，这样拍出的画面会有更多的"童趣"。

有趣的表情别忘记抓拍

孩子们的脸上总是会有丰富的表情。当孩子拿到他非常感兴趣的玩具时，拍摄者应拿起手机，随时准备拍摄他们既惊喜又有点得意忘形的表情。

一定要蹲下来进行拍摄。平常看自己周围的小孩儿都是俯视角度，所以，平视的照片会有独特的视觉冲击力，而且平视更像小朋友的视角，而不是大人站着看孩子的视角，画面会感觉更亲切一些。

调皮捣蛋不容错过

孩子天生都是调皮的，当他们调皮捣蛋的时候也是拍照的好机会。有的时候即便是挠挠头，瞪着眼睛看着你，也会让人不禁猜想这小脑瓜里到底在琢磨些什么。

此类照片的拍摄重点在于眼神，因为眼睛是最有灵性的地方，所以，将对焦点选在眼睛上是最好的。另外，把眼睛蒙起来，效果也不错。

▶摄影：zz photo

拍摄温馨爷孙乐

　　爷孙乐是儿童摄影的一大题材，要拍摄两者之间的快乐互动，就要有一定的预见性，如拍摄"举高高"这种常见动作。

　　首先要提前构图，预留出举起孩子的空间。其次要对好焦，调整好画面亮度，最好使用"专业"模式拍摄，因为可以手动调整较高的快门速度，确保可以拍摄出清晰的动态照片。

　　准备工作都做好后，孩子一旦被举起来，按住手机的快门按钮不松手就可以进行连拍，以避免因为拍摄时机不对，而没有抓到最生动、自然的笑容，最后从中选择一张照片即可。

⌃ 使用连拍模式，可以确保抓住最灿烂的笑容
　摄影：郑晖

小手小脚拍局部

　　小孩子的手和脚丫都是很可爱的拍摄对象，尤其是和大人的手脚产生对比的时候，可以给观者一种俏皮的感觉。

　　在拍摄时注意选择的背景不要太杂乱，对焦点对准小手，就可以拍摄出效果不错的照片，如右图所示的手。

⌃ 摄影：zz photo

拍摄有故事情节的照片

为了将一个有完整情节的事件表现出来，有时需要拍摄一组照片。例如，下面3张照片较为完整地表现了孩子在寻找、捕捞、查看"战利品"的过程。这样拍照片的好处是，日后查看照片的时候能够很容易地回忆起当时的情景，使翻阅照片多了一些趣味。拍摄时，注意要定格整个活动或故事的"决定性瞬间"，即那些关键情节。

用好连拍不错过每个精彩瞬间

在拍摄孩子时，要善于使用手机上的连拍模式，连续捕捉一系列照片，以确保抓拍精彩瞬间时，能够清晰、连贯地进行拍摄，然后从多张照片中挑选精彩的画面。下面3张连拍的照片，拍摄了雨天孩子玩水的情形，其中第3张小朋友跺脚溅起水花的照片最令人满意。如果不使用连拍，很难抓拍到水花溅起的瞬间。

怎样拍出有特点的纪实照片

抓住决定性瞬间

"决定性瞬间"是布列松的著名摄影理论，而抓住决定性瞬间则是街头摄影的重中之重，要求摄影师的眼睛、身体和头脑有着高度协调配合的能力。当看到一个形式上或者心理上的瞬间出现时，可以近乎本能地拿起手机进行拍摄，为了达到这一点，需要摄影师多思考、多观察、多拍摄。

比如下面这张照片，就充分表现了"瞬间"的重要性。右侧是画师在绘制肖像，而左侧则是朋友在用手机拍摄肖像，两种不同的影像记录方法则在这个"瞬间"、在一个场景中同时出现，并产生了形式上的对比和联系，让人联想到摄影与绘画在艺术史上的相互借鉴又彼此独立，而这一切思考都建立在摄影师抓住了"瞬间"上。

抓住时代特点

在拍摄纪实类照片时，也可紧跟社会热点话题，拍一些具有时代特征的画面。例如，我国近几年加大对贫困地区的投入，主张新农村建设，让农民靠自己的双手脱贫致富。于是，全国各地大搞农村实体经济，通过开发特色农产品让贫困地区人民有事干，有钱赚，生活品质也得到质的提高。右侧这张照片记录了蘑菇种植基地中工作人员的幸福笑容，体现了在特有时代背景下，有代表性的瞬间。

⌄ 摄影：张提威

抓住具有美感的瞬间

街头拍摄中有这样一类照片，它没有多少内涵，也不会引起观者的过多思考，但是却有着强烈的形式美感，也就是满足观者视觉欲望的那类照片。这类照片需要拍摄者有较强的观察能力，要能够发现那些三维转换为二维之后会产生形式美的场景，并选择合适的拍摄角度。

比如下面这张照片，画面中的电梯、护栏及玻璃橱窗的边缘形成了明显的线条；场景中的光线也营造了一定的明暗对比，颇具形式美感。在选好拍摄环境后，拿起手机，等待一个合适的行人出现在画面中就可以拍摄了。

拍摄有温度的画面

摄影作为一种表达方式，除了表现美感，更重要的在于是否可以让观者从画面中看到生活的美好与希望。

一张有温度的照片往往能带给观者精神上的愉悦。比如右侧这张照片，交警将自己的帽子当作枕头这一细节被摄影师捕捉到了，相信每一位看到此张照片的朋友都会心头一热，感受到人性的善良，从而以更乐观的心态去面对自己的生活。

⊙摄影：黄景余

通过"预谋"拍摄纪实照片

在掌握拍摄时机方面，存在这样一个误区：精彩的瞬间需要很快的反应速度才能记录下来。其实无论反应速度多快，发现有趣的场景时再举起手机拍摄，往往已经错过了最佳拍摄时机。

因此，对于拍摄时机的把握需要一定的预判能力。例如下面的照片，如果发现画面中的人物走到了灯笼间再拿出手机进行拍摄，则很有可能错过这个画面。所以，当看到地上摆了大面积的灯笼时，就需要在脑中提前预想出画面效果，然后等待合适的人经过，再按下拍摄按钮进行拍摄，这就是所谓的"预谋瞬间"。

⊙摄影：艾加宪

拍摄专题照片

如果希望全面、集中地表达一个主题，可以采取专题拍摄的方式，用多张照片来表现具有共性的画面。

建立专题的思路多种多样，如以具体的拍摄地点作为专题，像地铁专题摄影、养老院专题摄影等；或者以某个特定人群作为专题，如外地务工者，来表现他们在大都市的生活方式，以此让更多的人了解这类群体；甚至更简单一点，以颜色、形状作为专题，拍摄所有在街头发现的某种特定颜色或特定形状的场景或物体，这些都可以成为摄影的一个专题。

下面这组街头专题摄影，就是以"相似着装"作为专题，拍摄一个画面中出现的穿着相同服饰的人物。这类作品单看一两张似乎没有什么意思，但当有足够多的图片积累时，就会产生很强的形式感。

摄影：朱文强

第9章
抖音上流行的炫酷人像拍摄技法专题

用一张纸拍摄魅力光影人像

人像摄影的关键在于能否表现情绪，而除了模特的表情外，营造出氛围感很强的光影效果也是让人像作品有情绪的关键之一。

一提到光影效果，读者可能会问，"是不是需要昂贵的器材"？其实，只需要一张纸和额外一部带闪光灯的手机就可以了。

下面是具体拍摄步骤。

❶ 寻找一个较暗的空间及较干净的墙面作为拍摄空间，模特靠墙站或坐。

❷ 将准备好的纸裁出一条很细的格子，千万不要太粗，否则打出的亮线条会很宽，得不到明显的影调对比效果。根据需要大家也可以尝试裁剪出两条或多条细格，以获得不同的光照效果。

❸ 将手机的手电筒打开，透过纸张的细格子向模特打光，这时墙面就会形成一道亮线条。

❹ 控制手机与纸张的距离调整亮线条的粗细。手机离纸张越近，线条越粗；手机离纸张越远；线条越细。

❺ 旋转纸张，调整光线在画面中的角度。

⌃ 拍摄该效果所需道具

⌃ 裁出的方格一定要很细

⌃ 实拍场景，一人打光，另一人拍摄，让模特靠墙坐

⌃ 手机距离纸张较近，亮线条较粗

⌃ 手机距离纸张较远，亮线条较细

⌃ 旋转纸张即可调整亮线条角度

⑥ 选用 iPhone 的黑白滤镜功能，以突出影调所产生的氛围感。

⑦ 如果手机自动确定的画面亮度不合适，可以通过调整曝光补偿来使光线的亮线条与人物亮度达到均衡。

> **提示**
>
> 　　这个方法展示的其实是一类照片的拍摄思路，在具体拍摄时，大家还可以尝试使用有孔洞的纸张或其他能够形成漂亮光影的道具。

⚠ 魅力光影人像效果图

用一张光盘为画面添加彩虹光

摄影是光与影的艺术，上一个拍摄案例展示了如何在黑暗中创造一束光，下面的案例不仅教大家创造光，而且还能创造出漂亮的彩虹光。

下面是具体拍摄步骤。

❶ 准备家中没用的光盘和一部额外的手机。

❷ 打开另外一部手机的手电筒，向光盘打光，光盘反射出的彩虹光就会投射到墙面上。

⚠ 拍摄该效果所需道具

⚠ 实拍场景，一人用光盘向墙上反射彩虹光，另一人拍摄，让模特靠墙坐

❸ 光盘只有和手机成一定角度时，墙面上才会出现彩虹光，所以，要仔细调整手机或者光盘的角度，直到打出彩虹光，并且比较浓郁时才可以进行拍摄。

❹ 也可以只利用光盘打出的光斑来进行拍摄，只不过由于没有了彩虹的色彩效果，所以拍摄黑白照片更合适。

❺ 无论是彩虹光还是光斑效果，由于使用手机闪光灯打出的光线其实比较微弱，当室内较亮时，效果并不明显。因此，建议在较暗的环境下进行拍摄，会出现较好的拍摄效果。

⚡ 不仔细调整角度很有可能得不到彩虹光　　⚡ 当与光盘角度合适时即可形成彩虹光

⚡ 即便没有彩虹光，利用光盘反射出的光斑也能拍出艺术效果

⚡ 最终的彩虹光效果

妙用玻璃杯拍出艺术人像

玻璃杯可以说是家家户户都必备的日常用具，除了可以用它喝水，还可以用它来拍照，而且效果非常酷炫！

下面是具体拍摄步骤。

❶ 准备另外一部手机和一个普通的玻璃杯。

❷ 将手机的手电筒打开，并照射水杯。光线透过水杯后，就可以在墙上打出梦幻光影效果。

⊙ 拍摄该效果所需道具

❸ 照射不同的水杯，或者是照射同一水杯的不同位置，打出的光影效果也会不同，各位可以自行摸索。

❹ 为了获得较好的效果，需要调整光斑位置到合适的角度，最好能够与模特产生呼应，并且让较亮的光斑打在模特的脸部，让画面更具美感。

❺ 由于手机打出的光线比较弱，并且光影效果需要有明暗对比才能显现，因此，建议各位在比较昏暗的环境下进行拍摄。

❻ 使用 iPhone 的"黑白滤镜"拍摄，其光影的艺术美感会更强。

⊙ 调整光斑位置

◁ 最终拍摄效果

一瓶饮料拍出蓝色浪漫

如果身边有一瓶带颜色的饮料，无论是饮料带颜色，还是饮料瓶带颜色都可以，先别着急喝，作为道具拍几张照片也能拍出梦幻感。

下面是具体拍摄步骤。

❶ 道具准备：蓝色瓶子的饮料、一部额外的手机。

❷ 将手机的手电筒打开，照射饮料瓶，带颜色的光影效果就会投射到墙壁上。

❸ 变换饮料瓶的角度和照射的位置，其光影效果也会发生变化。

⌃ 拍摄该效果所需道具

⌃ 实拍场景

⌃ 光线透过饮料瓶即可呈现一定的光影效果

⌃ 旋转并移动饮料瓶可调整光影效果的样式及位置

❹ 利用第三方 APP：ProCam 6，并手动降低色温。该案例中的环境下，将色温设置为 4800K 左右，即可呈现明显的蓝色光影氛围。

使用苹果手机自带的"鲜冷色"滤镜，也可以得到偏冷调的画面。

❺ 需要注意的是，由于需要形成明暗对比才能拍出光影效果，建议在较昏暗的环境下进行拍摄，这样带颜色的光影效果会更明显。

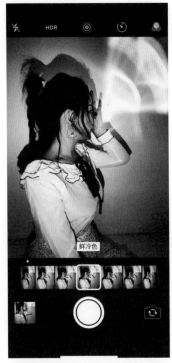 

⚠ 使用苹果手机自带的"鲜冷色"滤镜可获得蓝调效果

⚠ 通过 ProCam 6 手动降低色温，也可以得到蓝调画面

▶ 利用一瓶饮料拍出的蓝色浪漫效果

利用两个塑料袋打造赛博朋克风格

赛博朋克风格是科幻风格中的一种，即便是平常很熟悉的画面，看上去也会有些许怪异与距离，充满了未来感，其特点在于色彩简单，并且亮度偏低。

⬆ 拍摄该效果所需道具

画面以冷色作为主色调，然后加一些霓虹色彩作为点缀，尽量不夹杂其他色彩。让亮度偏低，尽量拍摄出昏暗的氛围。

通常来讲，这种风格的照片需要后期对色彩进行大量处理，并且对拍摄场景也有一定的要求，但如果在拍摄人像时想营造简单的赛博朋克风格，只需要平常使用的塑料袋和手机即可。

❶ 道具准备：两个塑料袋（一个蓝色、一个紫红色）和另外两部手机（一部手机，一个手电筒也可以）。

❷ 打开手机的手电筒，将塑料袋套在手机上。塑料袋折叠的层数越多，打出的色彩就越浓郁。虽然此时的光线比较昏暗，但别忘了赛博朋克风格的特点之一就是亮度偏低，所以对拍摄不会造成什么影响。

❸ 分别用两种颜色的光线照亮模特的面部，并调整色彩所占比例，觉得对比较明显时，就可以按下快门拍摄。

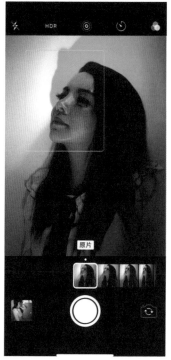

⬆ 较暗的场景更适合拍摄赛博朋克风格

⬆ 实拍场景

◀ 赛博朋克人像风格照片

一个钢丝球也能玩出梦幻光斑

　　光斑效果是很多摄影师非常喜爱的一种美化效果，再简单的场景，只要加入光斑，就能让画面增加几分梦幻感。

　　常规拍摄方法是将一串小灯泡布置在模特身前或身后，然后将相机设置为较大光圈，即可拍出唯美光斑。然而，不是家家都有小灯泡与专业相机，但家家都有刷锅用的钢丝球，利用钢丝球和一部普通的手机，就可以拍出同样唯美的光斑效果。

⚠ 拍摄该效果所需道具

　　下面是具体拍摄步骤。

　　❶ 购买一个新的洗碗用的钢丝球。

　　❷ 设置手机的闪光灯为常亮（或打开手电筒），让钢丝球靠近手机镜头，将钢丝球照亮。

　　❸ 拍摄时尽量将钢丝球分散成一丝一丝的，因为几根细细的钢丝就能形成不错的光斑效果。

⚠ 实拍场景

　　❹ 调整钢丝球的位置，直至从拍摄用的手机上能看到漂亮的光斑。

　　❺ 移动钢丝球或手机，以调整光斑的位置，避免其遮挡住人物面部。

　　❻ 可以使用拍照模式，也可以尝试使用人像模式进行拍摄。

⚠ 通过移动钢丝求或者手机，调整光斑至合适的位置

⚠ 利用钢丝球拍出的梦幻光斑效果

利用塑料袋拍出蓝色朦胧效果

　　在拍摄人像时，合适的前景会让画面更有空间感，人物也可以更好地融入环境。但在一些比较简单的场景下拍摄时，寻找一个合适的前景并不容易，这时，一个带颜色的塑料袋就可以派上用场了。

　　❶ 道具准备：带颜色的塑料袋一个（案例中使用的是蓝色塑料袋）。

　　❷ 将塑料袋套在手机镜头前，根据所拍画面中需要清晰的范围来确定塑料袋的开口大小。如果需要的清晰范围大，就将镜头前的塑料袋扯开一个比较大的窟窿；如果需要的清晰范围小，扯开一个小些的窟窿即可。

⚠ 拍摄该效果所需道具　　　　⚠ 实拍场景　　　　　　　⚠ 蓝色朦胧效果

　　❸ 塑料袋的颜色越深，遮挡在镜头前的层数越多，色彩饱和度就越高。所以，应根据所用塑料袋的实际情况，确定遮挡在镜头前的层数。

　　❹ 如果光线比较暗，塑料袋所形成的虚影亮度较低，还可以用一部手机或者手电筒将塑料袋照亮。

▶ 根据效果调整塑料袋的层数和位置

不下雨也能拍出倒影效果

　　利用雨后的积水往往能在平淡无奇的场景中拍出精彩的倒影效果照片，给人以正反两个世界的视觉感受。那么如果没有下雨，该如何拍出类似的效果呢？

　　❶ 道具准备：一部额外的手机。

　　❷ 找到一个在现实中的雨后确实会产生倒影的场景，这样才能让倒影显得比较真实。一个根本就不可能产生倒影的场景，非要拍出倒影，就会显得很假。

　　例图中选择在道路旁边进行拍摄，也是常见的倒影拍摄场景。

　　❸ 确保画面横平竖直，水平线一旦歪斜，照片也就只能当废片处理或者在后期进行校正了。

　　❹ 为了使倒影效果更逼真，在水平拍摄时，让苹果手机镜头在机身下方，从而可以使镜头更靠近形成倒影的手机。

　　❺ 将另外一部手机以垂直的角度贴紧苹果手机镜头，并仔细调整角度，直到形成清晰的倒影，效果如下图所示。

　　❻ 对焦并按下快门按钮拍摄即可。

⚠ 拍摄该效果所需道具

用于拍摄的手机　　用于倒影的手机

⚠ 仔细调整两个手机的角度，就可以拍出逼真的倒影效果

⚠ 拍摄效果

利用错视使画面更有趣

照片除了拍得美，还可以拍得有趣。在拍摄时可以采取借位拍摄的方式，利用简单的道具，调整好拍摄角度，就可以拍出不一样的趣味效果。

❶ 道具准备：矿泉水瓶一个。

❷ 选择一个空旷的场地，周围尽量不要有其他景物，避免破坏画面中的错视关系。

❸ 让被摄者站在较远的地方（错视效果中显得较小的景物一定远离镜头）。

❹ 让矿泉水瓶离镜头稍近，在对焦至远处的人物后，控制矿泉水瓶的距离，尽量不要让它虚化。

❺ 仔细调整矿泉水瓶的位置和人物的姿态，摆出一个有意思的场景，然后按下快门拍摄即可。

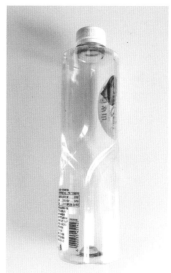

◆ 矿泉水空瓶

◆ 营造一个有意思的错视力画面

错视拍摄除了可以用道具搭建有趣的场景，还可以与生活中本来就存在的景物进行互动，如常见的日出错位照，当然也可以与云、月亮或者建筑等景物进行错位拍摄。

◆ 摄影：李菲

第 10 章
用手机拍出大美风光、花卉与建筑

本章扩展学习视频

1. 无论使用单反还是手机，均可通用的 6 个风光摄影技巧

2. 如何使用手机修图后期软件，将彩色照片转换成为艺术黑白照片

3. 无论使用单反还是手机，均可通用的 7 个花卉摄影技巧

4. 无论使用单反还是手机，均可通用的 5 个建筑摄影技巧

注意：如果扫码不成功，可尝试遮挡其他二维码。

人多的景区这样拍出干净的照片

很多摄友可能会心生疑惑，同样的景点，为何别人就能拍到干净、唯美的照片，而自己面对眼前的人山人海却只能拍出毫无感觉的"到此一游"式照片？这里提供 4 个小技巧，可以帮助读者拍出几乎无人的景点画面。

早起、晚归

在出行之前，先查好景区的开门时间，然后起个大早，最好能够提前两小时左右到门口排队。这样，你就是第一批进入景点的游客。进入景点后，别跟着人流走，加快脚步，或者小跑往景区深处走。这样，就可以拍出最空旷无人的景区画面了。

走的晚也是同样的道理。景区快关门的时候，游人一般都集中在出口，这时往入口附近走一走，人也会相对较少，只要仔细找一下拍摄角度，也可以拍到一些没有人或者人很少的照片。

寻找人少的角度进行拍摄

在景区拍照时，一定要四周多看看，去寻找那些游客较少的角度进行拍摄。例如，仰拍就是最常用的一种拍摄角度，可以完美避开地面上的行人，不过这只适合拍摄类似建筑这种场景。

为了能够寻找到更多人比较少的拍摄角度，尽量不与人群一块儿走，而是到一些偏僻的地方进行拍摄。远离人群后，首先，观察视角就会与在人群中拍摄时有所不同，可以发现更多干净的画面；其次，远离人群后，游人在画面中的比例会变小，对照片美感的影响则明显降低，同样可以拍出比较干净的照片。

少拍大景多拍局部

手机镜头基本上都是广角镜头，如果拿起来就拍，势必会有许多行人被拍到画面中。这时就可以体会到具有潜望式长焦镜头手机的优势了，通过变焦拉近画面后，拍摄场景中的局部，可以避开绝大多数游人。如果画面中仍然有几个游客，耐心等待一下，抓住他们走开的瞬间拍摄即可。

对于没有潜望式长焦镜头的手机，可以尝试在近距离拍摄景区中具有特色的局部。对于一些高像素的机型来说，也可以在拍摄后，通过后期进行裁图，同样可以达到局部取景，避开游人的效果。

利用慢门让游人模糊

如果要拍摄的场景实在无法避开游人，可以考虑使用前面所讲述的慢门拍摄方法，或者用 iPhone 自速的"实况"功能，或者用第三方专业慢门 APP，来将游人虚化掉。

拍摄旅途中的高山流水

利用山间云雾营造仙境效果

山与云雾总是相伴相生，各大名山的著名景观中多有"云海"，如黄山、泰山、庐山，都能够拍摄到很漂亮的云海照片。

拍摄有云雾衬托的山景照片，在构图方面需要留白，而在用光方面则可以考虑采用顺光或前侧光，使画面具有空灵的高调效果。采用逆光拍摄山景容易形成剪影，可以与雾气形成虚实、明暗的对比，更容易表现山景的轮廓美。

⌃ 摄影：刘勇

云雾笼罩大山时，山就会变得模糊不清，山的部分细节被遮挡，被遮挡的山峰与未被遮挡部分产生了虚实对比，在朦胧之中产生了一种不确定感，拍摄这样的山脉，会使画面产生一种神秘、缥缈的效果。

利用前景表现层次

在拍摄各类山川风光时，如果能在画面中安排前景，配以其他景物（如动物、树木等）作为陪衬，不但可以使画面有立体感和层次感，而且可以营造出不同的画面气氛，增强山川风光作品的表现力。

例如，有野生动物的陪衬，山峰会显得更加幽静、安逸，也更具活力，同时还增加了画面的趣味性。如果利用水面或花丛作为前景进行拍摄，则可以增加山脉秀美的感觉。

下面这张照片将碧绿的草地和牧牛放在画面前景处，这样做不仅能丰富画面的构成，还能为画面增添生机。

利用魔法时间拍摄绚丽光影

拍摄日出、日落美景的黄金时段是太阳出没于地平线前后，在这个时段，人眼直接看太阳不会感到刺眼，而且光线非常柔和，便于对景物进行拍摄。

由于日出、日落的光线变化很快，要善于抓住这短暂的拍摄时机。拍摄日出应该在太阳尚未升起，天空开始出现彩霞的时候就开始；而日落则应该从太阳的光照强度开始减弱，周边天空或者云彩开始出现红色或者黄色的晚霞时开始拍摄。

火红的日出和日落会让山景、水景更加震撼。

⋀ 摄影：李菲

慢门拍出丝绸质感的瀑布

利用安卓手机"流光快门"中的丝绢流水功能，或者苹果手机的"实况"功能，即便手持拍摄，依然可以拍出慢门流水的效果，详细方法请参看本书第4章：利用慢门拍摄平静的水面。

丝绢瀑布效果可以让画面显得更干净，并且线条感更强，也容易与周围的景色形成动静对比。

在拍摄时要注意尽量不要晃动手机，虽然可以手持拍摄，但如果用三脚架固定手机拍摄，效果会更好。

⋀ 摄影：尤立冬

利用倒影表现画面美感

　　水面对于摄影的一个重要价值就是可以产生倒影。利用水面倒影不但可以平衡构图，还可让画面显得更有视觉冲击力。

　　需要注意的是，不一定非要面积很大的湖泊才能有广阔的倒影场景，只要拍摄视角足够低，即便是一处小水洼也能够倒映下整个布达拉宫。

　　倒影的拍摄，往往需要水平线绝对水平，稍有偏差就会导致出现一张废片。因此，建议开启华为 P30 Pro 的水平仪功能，从而轻松拍出绝对水平的倒影照片。

摄影：党宏

黑白画意山水

　　国画是我国艺术的瑰宝之一，只以黑白两色作画，却能表现出非凡的意境美。通常来讲，当景色比较简洁，层次较分明的时候，拍摄黑白照片较为合适。

　　如右图所示，渔船、古建、远山三者的层次感在只有明暗变化的黑白照片中更为突出，再加上薄雾与黑白化的处理，简化了画面元素，令整张照片颇有国画的风味。

　　利用安卓手机的"艺术黑白"功能，并选择其中的专业模式，在创作黑白摄影作品时会更加得心应手。

摄影：徐海平

拍摄旅途中的苍松翠柏

拍摄局部表现形式美

在森林中拍摄时，除了展示森林的壮阔气势，还可以寻找树木有意思的局部，得到更有特色的画面。

尽量靠近拍摄能够使画面中不出现多余、杂乱的风景元素，往往能够获得难得一见的视角。例如，右侧这张照片，通过靠近拍摄，使粗糙的树皮占据了全部背景，从而与嫩芽形成材质对比，以此衬托出新芽的强大生命力。

⌃摄影：刘勇

从不同角度拍出独特画面

从常规角度观察时，树叶似乎都长一个样子，但如果换一个角度，有些枝叶就会呈现完全不同的形态。

例如，在拍摄荷叶时，往往都是俯视对其进行拍摄，很难拍出新意。而从侧面去观察卷起的荷叶时，则可以拍出心形的创意效果。

其实不仅仅是拍摄枝叶，拍摄任何题材的照片，都应该尽量从不同的角度进行观察、拍摄，这样拍出的照片才能与众不同，令人过目难忘。

▶摄影：李国强

用剪影表现枝干的线条美

剪影这种拍摄形式很适合表现形状美感。如果想拍摄树木枝干的线条美，将其拍成剪影是不错的方式。

在拍摄时要注意寻找最能让观者感受到枝干美感的部分，并且通过调整拍摄角度来得到一个相对纯净的背景。

营造纯净的拍摄背景

有很多让背景变得简单的方法，如背景虚化、朝天空拍摄或朝地面拍摄等，这些方法在本书前面都有所介绍。这里要介绍的是"制造"纯净背景的方法，其实就是拿一块单色的布作为背景。不要小看这个方法，带块布也不会增添多少出行负担，但却可以拍出右图这种美感十足的照片。不只是布，只要是色彩单一的背景都可以。

▶ 摄影：王立盛

拍摄旅途中的奇花异草

利用水滴表现花卉的灵性

智者乐水，水是充满智慧与灵性的，在花卉拍摄中加入水滴也是常用的拍摄手法。如果是雨后拍摄自然少不了带有水滴的花卉，但是没有下雨的天气如何拍摄呢？买一瓶矿泉水，往想要拍摄的花卉上喷一口水就可以了，距离稍微远一点，别因为水量太大而影响花卉的形态，有几滴水作为点缀即可，不需要很多。

如果水滴影响了花卉的形态，如右侧这张照片，花瓣明显下垂，并且互相挤压，对画面美感就会产生负面影响。所以，最好带一个喷壶或者更专业的类似滴管的装备，可以一颗一颗地固定水珠在花卉上的位置。

利用昆虫增加画面动感

花卉虽然是有生命的，但依旧属于静物摄影，为了让花卉的照片更有动感，可以考虑加入昆虫。

用手机抓拍飞翔中的昆虫是有难度的，这里教给大家一个小技巧。看到有昆虫在场景中的时候，对着花卉进行对焦，然后按住快门，此时手机会进入连拍模式，从拍好的一系列照片中挑选一张效果比较好的即可。

采用俯拍散点构图拍花

如何能表现出花卉的多样性？散点式构图是非常实用的方法。将不同颜色、不同大小的花卉放在一个场景中进行拍摄，看起来更有美感。

为了能够让画面更美观，要注意花卉之间的距离，做到有疏有密。如果画面中某个区域过于拥挤或者过于松散，会给人一种失重、不匀称的感觉。

采用仰拍表现另类花卉

平常大家习惯以俯视角度欣赏花卉，所以，当采用仰视角度拍摄花卉时，画面就有新鲜的感觉与较强的冲击力。有一届手机摄影国际大赛的获奖作品是一株仰拍的花卉。

拍摄的方法其实很简单，将相机切换成前置摄像头，然后将手机拿低一些，放在花丛中即可。

拍摄时要综合考虑光线，如借助较强的阳光将花瓣拍出透明质感，使画面有更轻盈的感觉。

拍摄有趣味的水中树影

如果拍摄的地点有水面，水中的树影也是值得拍摄的有趣题材，原本笔直的树木会由于水面的波动而呈现出弯弯曲曲的状态，平时很熟悉的树木也让人有了几分陌生。

在拍摄水中倒影时，需要注意避免拍摄者本人的倒影出现在画面中。另外，还要注意水面的波纹大小，太大的波纹会干扰倒影的成像效果，使画面完全不可辨识；而过于平静的水面则使画面少了抽象的美感，影像会趋于普通。

利用超微距表现花卉局部细节

安卓手机的微距模式可以实现最近 2.5cm 的准确合焦,并且在微距状态下支持 0.6x~3.0x 的变焦拍摄。也就是说,在超微距拍摄模式下,离镜头 2.5cm 的景物都可以被清晰拍摄下来,并且还能放大或者缩小。

苹果手机也可以在离被摄物 5cm 左右的位置准确合焦,如果想进一步缩短对焦距离,需要使用外接镜头。

通过近距离拍摄,可以清晰表现出花蕊的细节或者昆虫翅膀上的纹路。在拍摄时要尽量稳定手机,因为在超近距离拍摄下,手部轻微的抖动都会引起画面的剧烈震动,从而导致画面发虚。

将手加入画面

在拍摄静物时将自己或别人的手加入构图会有一种更生活化,更写实的感觉。但如果手在画面中的位置不好,很有可能影响画面主体的表达。

右侧这张照片对手部的处理就不错。将主体放在画面下 1/3 处,手机靠近花朵拍摄,从而让手部有一定程度的虚化,以防止其干扰主体的表达。

在拍摄一些加入手部的画面时,不要担心对手进行取舍,毕竟只是陪体,但注意不要从手指关节、手腕处切割。

⌃ 摄影:王璞

拍摄钢铁丛林

多注意你的头顶

在建筑内部参观时,一定要多抬头看看自己的上方。因为在建筑设计中,顶部往往会有美感十足的线条,或者灯光产生的绚丽光影。很多中外知名的建筑本身就是艺术品,抬起头,把画面规规矩矩地放到镜头内,就可以按下快门了。

▶ 摄影:洛洛

好像"盗梦空间"的镜面反射

镜面反射,顾名思义,就像镜子一样映出了整个环境。此种场景一般出现在有光滑地面的写字楼、酒店,以及雨后的积水等处。当发现这类场景时,不要犹豫,拿起手机寻找一个合适的角度,将倒映出的画面和真实画面放进镜头中,相信会得到一张不错的作品。值得一提的是,将真实画面进行一定程度的切割,比仅完整地表现倒影,会有出乎意料的效果。

门的玩法

一扇门代表着门里一个世界，门外一个世界。首先要有这种想法，才能拍出有感情的照片。通过巧妙地利用门里的人去引发观者对门外世界的遐想和思考，是一种很高明的拍摄手段。同时也可以让门外的世界占据画面一小部分来引导观者对门外世界的想象。这样拍出来的有关门的照片既不缺乏创意，又有很强的观赏性。

❯摄影：胡婷

将电线拍出形式美感

街头的电线杆也可以成为摄影师的拍摄对象。因为无论是电线杆还是电线，都是简洁的线条，配合天空作为背景，一幅极简摄影作品就诞生了。为了增强这种形式美感，对"线"的布置一定要严谨，斜线构图就要做到接近对角线的布置方式，水平构图一定要横平竖直，否则，这种形式美就会大打折扣。

如果天空有云彩或者飞鸟，与电线或者电线杆做一些巧妙的搭配是一个不错的拍摄方法。另外，为了强调这种纯线条的形式美感，可以考虑将照片处理成黑白。

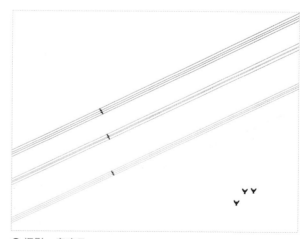

⌃摄影：廖建云

墙边仰拍形成三角形构图

并不是所有的风光片都适合横平竖直的构图方式，拍多了也会感到视觉疲劳，这时就可以考虑换一个视角，换一种构图进行拍摄。例如，走近墙边，让墙的边缘呈对角线穿过画面，这样就形成了典型的三角形构图，既有形式美感，又不失创意。如果另一边由天空形成的三角中再出现一只飞鸟之类的动物，画面的意境就会上升一个层次。

▶ 摄影：胡婷

利用透视突出空间感

何为空间感？简单来说，就是让画面中的景物形成明显的前后关系，也称为透视关系。最常用的突出空间感的方法就是找到画面中的透视线，既引导观者的视线至主体，又起到了表明位置关系的作用。

尽量使用手机的最小焦距进行拍摄，这样近大远小的视觉感受会很突出，有利于增强透视关系，强调画面的空间感。

摄影：胡婷

遇上"坏"天气

下雨天怎么拍?

利用积水

利用积水可以拍摄倒影。路上有了积水,将积水倒映的景象和现实中的景象相结合,可以拍出视觉美感很强的照片。

拍摄水滴

下雨天是拍摄水滴的好时机,无论是自家阳台,还是户外的花花草草,甚至是路边的石块儿上都会有一颗颗水滴。将手机靠近水滴,并开启微距模式,一张美美的水滴照片就诞生了。

隔着玻璃拍摄

雨天拍摄技巧当然少不了隔着带有水滴的玻璃拍摄雾蒙蒙的照片。不得不说,这类照片可以很好地传达雨天独有的清凉、朦胧的意境美。

⌃ 摄影:陈世东

下雪怎么拍

拍摄雪景时的主要难点之一是将雪拍白。正确的方法是，在手机自动测光数值的基础上增加 0.5~1 挡的曝光量，另外要注意使用合适的白平衡恢复雪景的白色。

此外，取景时要注意在画面中纳入有鲜艳色彩或较低亮度的对象，使雪景中有吸引观众目光的视觉焦点。

如果要拍飞雪，注意要选择能够与白雪产生较大反差的环境。

⌃摄影：胡婷

起雾 / 霾了怎么拍?

由于目前环境污染比较严重，很多地方分不清起的是雾还是霾。但无论是雾还是霾，这种天气的特点是一致的：画面简化。因此，在起雾或者起霾的天气很容易拍摄出极简风格的照片。

在拍摄时要注意选择合适的拍摄角度，使画面由清晰到模糊的景象层次分明，避免一片白茫茫，导致画面没有层次感。

如果在霾天进行拍摄，一定要做好防护，戴上口罩再进行拍摄，切勿为了拍照而影响身体健康。

⌃摄影：田馥颜

起风了怎么拍?

风本身是无形的,但它却会让随风摇摆的景物产生律动感,这时就可以利用风来拍摄表现动感的画面。

右图这张照片中随风飘舞的狗尾草,抓住摆动幅度较大的瞬间进行拍摄,可以令画面更具视觉张力。

在起风时也可以拍摄带有波纹的水面,也可以使用慢门拍摄,从而将水面营造得有磨砂质感,但需要使用三脚架固定手机,并使用带线控的耳机线遥控拍摄,或者利用定时拍摄功能进行拍摄。

⊙ 摄影:Gu

第 11 章
用手机拍好圣洁的荷花

通过简洁的构图营造高洁之美

寻找近处角落的荷花进行拍摄

并不是所有的人都会使用带有潜望式长焦镜头的手机，所以面对茫茫一片的荷花，该如何拍摄出简洁的画面呢？

如果拿起手机，直接对着开阔水面上的荷花进行拍摄，对于搭载广角镜头的手机来说，自然只能拍出画面凌乱的照片。这个时候就需要仔细观察荷花的分布情况，将视线集中在近处、角落中的荷花。近处的荷花可以确保即便使用手机的广角镜头拍摄，依然可以排除掉大部分杂乱的环境；而角落中的荷花则往往与其它荷花有一定的距离，可以进一步简化画面。

● 视频学习 ●

如果画面依旧有些凌乱，则可以通过后期APP进行适当的裁图，从而让画面更简洁，并具有一定的形式美感。详细后期视频教学请扫描下方二维码观看。

前

后

利用大面积留白简化画面

虽然利用长焦或者寻找近处、角落的荷花进行拍摄可以起到简化画面的作用，但这类照片的构图往往会显得比较满，感觉比较压抑。而通过大面积的留白，不但可以简化画面，还让画面更具意境，能够表现出荷花高冷、孤傲的一面。而留白本身，既让画面有了空间感，还留给观者更多发挥想象的余地。

利用留白的重点在于能不能够找到纯净的背景，并且该背景上仅有几朵荷花。只有同时满足这两个条件，拍出的画面才能意境十足。

所以常用的拍摄方法是，寻找较为干净的水面，采用俯拍，然后控制取景范围和拍摄角度，将几株荷花拍入画面即可。

或者利用仰拍，以天空为背景营造留白。需要强调的是，所谓的"留白"不等于"空白"，因此即便不是水面或者天空，成片的荷叶形成的单一背景也可以作为"留白"，其效果与干净的水面和天空是相似的，同样会起到表达画面意境，提供视觉与联想空间的作用。

● 视频学习 ●

国画审美特别注重"留白"，因此具有大面积留白的荷花照片如果通过后期处理为国画风格，往往更具"荷韵"。扫描二维码即可学习国画风格荷花作品的后期教学视频。

拍摄暗调或者亮调背景的画面

除了可以通过构图避开杂乱的背景，还可以利用合理的曝光拍出暗调或者亮调背景，从而遮盖住周围环境，起到让照片变得更简洁的目的。

拍出暗调背景的重点在于，要选择荷花较亮，背景较暗，也就是具有一定明暗反差的场景拍摄。然后对较亮的荷花进行对焦、测光。如果此时背景不够暗，并且荷花比较亮，则划动屏幕降低曝光补偿，让画面更暗一些，从而拍出暗调背景的照片。而亮调背景照片的拍摄，将上述方法中的明暗颠倒过来即为具体方法。

如果在实际拍摄过程中找不到具有较大明暗反差的场景，也可以自己携带的黑色或者白色背景，在拍摄时置于荷花后方即可。但此种方法通常用于拍摄盆栽荷花，如果是拍摄池塘中的荷花，则很难固定背景。

⌄ 摄影：刘光明

● 视频学习 ●

如果在前期拍摄时，背景还不够黑或者亮，则可以通过后期进行调整。在分别对背景和主体的亮度进行处理后，明暗反差更强烈，背景更纯净，荷花的形态美也更突出。扫描二维码即可观看后期视频教学。

利用唯美虚化效果简化荷花背景

总有人说，拍花就好像拍人像一样，如果你能将"花"拍出"人"的感觉，那么就成功了。而背景虚化则是在拍摄人物时常用的方法，既可以让画面更简洁，还可以让环境显得更唯美，拍荷花也是如此。

背景虚化功能已经成为近几年拍照手机的标配，无论是苹果手机的人像模式，还是华为的大光圈模式，均可以实现唯美虚化效果。

▶摄影：童培捷

● 视频学习 ●

但如果您的手机不支持该功能，则可通过近距离拍摄荷花让其具有背景虚化效果。或者通过后期，利用 Snapseed "双重曝光"功能来实现。但需要在前期拍摄时，最好拍摄两张照片，一张作为背景，而另外一张则作为主体。详细后期方法请扫描二维码通过视频进行学习。

前

后

通过光影让荷花摄影更有质感

虽然利用构图可以表现荷花的形态美、意境美，但是如果缺乏光影的衬托，画面将多少会缺少一些"味道"。为了让荷花照片更有灵性、更有质感，就有必要掌握一些荷花摄影用光技巧。

阴天的光线适合表现荷花的色彩与细节

很多摄友有一个误区，就是认为晴天的光线是最适合拍照的，其实不然。晴天的光线，方向感比较强，照射到荷花上容易出现强烈的明暗对比。这种光线如果用得好，就能出大片，但如果用不好，则很难出片。

而阴天的光线则非常柔和，照射到荷花表面会形成均匀的明暗过渡，虽然拍出独具一格的大片不容易，但却更容易拍出色彩艳丽、细节丰富的照片。如果想营造具有一定明暗对比的效果，还可以通过后期来实现。所以，总的来说，阴天拍摄荷花，出片率会更高。

⌃ 摄影：方亮彤

● 视频学习 ●

由于阴天拍摄的照片，细节保留较多，所以后期的空间也比较大。例如，利用Snapseed，就可以将一张柔和光线下拍摄的平淡无奇的画面修成落日荷花效果。扫描二维码即可观看详细视频教学。

利用逆光拍出花瓣的通透感

虽然阴天的光线很柔和，适合表现荷花的色彩和细节，但毕竟欠缺明暗对比，视觉冲击力有所欠缺。而利用逆光，打透荷花的花瓣，既可以营造一定的明暗对比，又不会让画面的亮部和暗部显得太过杂乱，既提高了画面的视觉冲击力，又表现出了荷花晶莹剔透的一面。

在拍摄此类照片时，要点击荷花较亮的部分进行测光，并适当调整曝光补偿，让画面的亮度维持在不会让高光的花瓣过曝的程度，然后按下快门按钮拍摄即可。

▶ 摄影：孙东勇

● 视频学习 ●

如果希望进一步突出逆光所带来的明暗对比，则可以将照片拍摄为黑白效果，或者通过后期处理为黑白照片。扫描识别二维码，即可观看黑白后期教学视频。

通过黑白突出画面中的明与暗

其实用光就是为了控制画面的明暗分布。而明暗对比可以突出主体，让人联想到希望与光明。并且具备明暗变化的场景，拍摄出的画面会更有层次感，也不会让人觉得单调。但由于人眼的宽容度要比相机高太多，所以，很多肉眼看上去没有什么明暗变化的场景，却可以用相机拍出层次丰富的画面。但只是让画面具有一定的明暗变化并不能让这张照片立刻吸引观者注意力，所以，可以通过摒弃色彩的方法，拍摄黑白照片，强化明暗对比效果，从而将画面影调表现到极致。

当然，正如上文所说，很多层次丰富的场景用肉眼观察时其实十分平淡。这就需要拍摄者通过多拍、多练，逐渐积累拍摄经验，练就一双摄影眼，即肉眼所见的场景，可以在脑海中想象出拍摄后的效果。

⋀ 摄影：陈晓芳

● 视频学习 ●

为了能够让画面中的明暗分布更吸引人，建议通过后期对照片进行修饰，分别对高光及阴影处进行调整，充分表现出影调带给画面的美感。扫描二维码即可观看详细视频教学。

拍出更有创意的荷花照片

荷花是最受摄影爱好者喜爱的拍摄题材之一，每年都有络绎不绝的摄影爱好者前往各大公园拍摄荷花。拍的人多，就很容易拍"俗"。所以，为了能让荷花照片更具新意，可以尝试以下两个技巧。

让场景中的元素彼此呼应

单独表现荷花的美，说实话，所有能想到的拍摄方法几乎都被拍过了。但如果能让画面中的荷花与周围的环境产生某种呼应感，就可以让照片产生更多的变化。例如，几朵荷花之间的呼应、荷花与荷叶的呼应、荷花与倒影的呼应，甚至是荷花与天空中的云的呼应。利用这些不同元素之间的组合与呼应，荷花的拍摄方法就活了。

画面中各元素呼应的方法与形式是非常灵活的。例如，可以利用荷花的方向、荷花花茎与荷叶边缘的曲线感，或者其他荷花的倒影与主体荷花形成的空间感等，均可以形成独具一格的画面。

∧ 摄影：杨瑾

●━ 视频学习 ━●

如果在前期拍摄时无法找到画面元素之间的呼应感，那么通过后期的"二次曝光"功能，则可以将两张照片中的元素进行融合。扫描二维码即可学习详细视频教学。

利用慢门拍出梦幻荷花照片

目前很多手机都可以拍出慢门效果，如P30 Pro 中的"流光快门"功能，或者使用苹果手机借助第三方 APP ProCam 手动设置快门速度，从而利用慢门进行拍摄。

使用慢门拍摄的荷花可以形成具有梦幻感的虚影，更重要的是，这种效果的画面可以让人眼前一亮。毕竟大家都在想怎么能把荷花拍得更清晰，突然有一张荷花模糊的照片就会立刻吸引观者的目标。

模糊的荷花效果很容易就能拍摄出来，但拍好并不容易。为了避免画面糊成一片，尽量选择背景简单，并且最好只有一朵荷花。这样拍出动态模糊效果后，画面才能显得不杂乱，而是能够充分突出因为相对运动而形成的荷花轨迹。

另外，在按下快门按钮后，挥动手机的速度也需要经过多次尝试。直到在画面中形成的虚影轨迹长度、虚实程度都具有一定美感为止。

⌃ 摄影：妙曼

● 视频学习 ●

动态模糊效果除了可以在前期拍摄，利用后期 APP Snapseed 同样可以实现。扫描下方二维码即可观看视频教学。

第 12 章
用手机拍摄精致生活:
美食与静物篇

本章扩展学习视频

1. 利用手机 APP 将室内偏色的
静物调修成朋友圈佳片

2. 利用手机 APP 将普通的菜品照片变得
新颖

注意:如果扫码不成功,可尝试遮挡其他二维码。

利用光影让静物产生艺术美

小物件也能不寻常

即便是再不起眼的物品，只要有光影相伴，再加上拍摄者自己的想法，就一定能拍出好照片。

便携性是手机最大的优点，为人们每时每刻都可以进行拍照提供了可能。要善于观察身边难以发现的光影，并随时将它们记录下来，逐渐培养自己的摄影意识。

⌃ 摄影：师瑶

光影也能做画框

框式构图应用方法多种多样，即便是光影也可以做画框。比如右面这张照片，利用光线明暗在地板上形成了一个不规则的画框，左侧的植物倒影则是这个画框的点睛之笔，在突出主体的同时很好地引导观者对画面之外的景物进行联想。

看到这张照片就会让人联想到种满花草的阳台，以及户外明媚的阳光，通过主体的拖鞋，可以看出拍摄者对这种美好生活的珍惜及享受。

⌃ 摄影：月亮粑粑

充分展现画面的色彩

在拍摄一些色彩比较突出的物件时，如红灯笼、黄色的香蕉、橙色的橘子等，要注意如何表现出它们的色彩。

可以选择相似色的背景进行拍摄，这样画面看起来会更和谐；也可以选择对比色进行拍摄，画面看上去会更有动感。

右图所示显然是利用对比色和放射式的线条，把一个普通的红灯笼拍摄得动感十足。

当然，除了红蓝对比色的选择，这张照片的取景角度也比较新颖。采用不同于平时看灯笼的角度进行拍摄，画面具有一定的陌生感，所以很容易抓住观者的眼球。

⌃ 摄影：赵宏伟

利用柔和光线表现静谧感

不一定是有强烈明暗对比的"光影"才叫光影，柔和的光线所营造出的明暗过渡同样可以拍出佳片，并且更适合表现摄影中静物的静谧感。在室内，柔和的光线通常出现在阴天或者日出、日落时，透过薄纱窗帘的光线也属于柔光，此时的景物明暗过渡会非常平缓，从而给人以平和、安静的感受。以右侧照片为例，柔和的光线让荷叶表面呈现均匀的光影变化，水珠也显得晶莹剔透，过渡非常细腻。

▶ 摄影：张婷婷

你看"它"像什么

有些场景看似平淡无奇，却能激发人们的联想。如右边这张水管的照片，两个阀门的位置和角度好像两只大眼睛，阀门把手就好像是眉毛。笔者看到后第一反应是觉得像机器人瓦力，让人忍俊不禁。

这种可以引发观者联想的图片会让人觉得非常有意思，而且创意十足，但也很考验拍摄者的观察力，以及自身的联想能力。

▶摄影：童远

关注大堂里面的静物摆设

许多写字楼、酒店甚至是有格调的饭店，都会在迎宾区或走廊摆设符合自身定位或氛围的摆件。

例如，右侧的照片是笔者在一家餐厅拍摄的，桌上的空花瓶与画框中的花瓶相映成趣，画中的白色花朵与桌上的白色台灯相互呼应，桌上的花朵与画中的花朵一真一假，这些都让整个照片充满趣味。

怎样拍出美食的色香味

将餐具与美食放一起拍摄

只拍摄食品本身，多少会令人感到有些单调，如果能构建一个场景，就会让画面自然很多。将餐具和美食放在一起就可以搭建一个既简单又很生活化的场景。

餐具的位置最好在画面一角或者边缘区域。毕竟画面的主体是美食，如果餐具的比重占得过多，就会让人感觉拍的是餐具而不是美食了。考虑到画面美感，最好能让餐具的方向将观者视线引导至美食上，以此来突出画面的主体。

⌃ 摄影：仁泠

俯拍充分展现美食或餐具

在以下三种情况下，可以优先考虑使用俯视的角度拍摄美食。

❶ 在外面餐厅的拍摄，其环境较为杂乱，人比较多。俯视拍摄，可以让画面更纯净。

❷ 希望全面展现食物的造型、色彩与分量。高角度俯视拍摄，可以给人更全面的观感。

❸ 碗、筷、碟等餐具比较有特色，适宜使用俯视角度拍摄。

拍美食要近些，再近一些

食品的局部都会有比较多的细节，如闪亮的油光，以及食材表面的凹凸不平带来的明暗变化等。通过近距离拍摄可以将食物诱人的一面充分表现出来。

在拍摄时建议利用好餐盘的边缘，无论是圆形的餐盘还是方形的餐盘，都可以通过其线条为图片增色。同时由于近距离拍摄时的景深（清晰范围）会很浅，要注意对焦点是否在黄金分割点附近。

⌃ 摄影：仁泠

用纯净背景拍小清新风格

想拍出小清新风格的美食照片，选一个白色背景进行拍摄是非常有效的方法。拍摄完可能会发现虽然背景是白色的，但拍出来后却发黄或者发蓝，也可能发灰。

白色背景发黄或者发蓝是因为手机自动判定的色温出现了偏差，需要手动调整色温。如果画面偏黄，就降低色温，偏蓝就提高色温，在调整的同时观察背景颜色的变化，显示为白色就证明色温调好了。

那么发灰是什么原因呢？发灰其实是因为背景曝光不足造成的，可以通过为背景补光或者通过增加曝光量来解决。

⌃ 摄影：李晶晶

选择有光线的餐位

拍摄食物时光源非常重要，因此若是白天用餐，可以找窗边或露天的位子。如果是在室内餐厅进行拍摄，一定要关注餐厅所用光线的色彩，一般的餐厅为了营造气氛，采用黄光为主的照明，在拍摄的时候，除非要使用这种光线，来渲染某种自己需要的气氛，否则需要在手机上设置白平衡来纠正偏色的情况。

如果光线不是很充足，可以将反光比较强的白色餐巾纸或者自己闪亮的包包放在食品的旁边，对食品进行补光。如果是两个人一起进餐，也可以考虑让另外一个同伴打开手机的照明小灯来对食品进行补光。

⋀ 摄影：仁泠

利用餐具做引导线

餐具是美食摄影中的常客，如何有效利用它们是值得注意的问题，稍不小心就会影响到主体的表达。

将餐具作为视觉引导线是一个比较好的方法，既可以让这些富有美感的餐具出镜，又可以将观者的视线很自然地引导至美食上。

右边这张照片，通过在画面右下角加入的餐具，并且有意识地将其指向画面的主体：美食，使整个画面看上去清新自然。

⋀ 摄影：仁泠

用配饰烘托出面包的美味

利用木质的托盘表现面包时，可给人很田园、自然的感觉，因为木制托盘与木制菜板都属于天然材质，让人感觉很淳朴。木制品与任何质感的物品都易搭配，尤其像刚出炉的面包、点心，以及鲜嫩的蔬菜食品等。如果把面包直接放在木制托盘上，只能留下很一般的平面印象。可以在两者之间加入揉皱的蜡纸或在桌子上铺上方格的棉质桌布，这样可使照片看起来更加有清新感。

▲ 摄影：仁泠

用暖色表现出炖汤的温暖感

当美食热气腾腾地端上桌或是咕嘟咕嘟地煮在锅里时，是表现其美味最好的状态。拍摄热气腾腾的炖汤时，可以把白平衡设定在阴天，用暖色系烘托出食物的温热感。

在表现以根茎类蔬菜熬煮的浓汤时，可以把食材堆出立体感，并将颜色鲜艳的，如胡萝卜摆在最前面，这样画面不仅很有立体感，且颜色上也会很好看。

在拍摄汤类等液体状食物时，建议使用侧光，因为逆光拍摄时，液体表面会因反光而显得过亮，用侧光拍摄就可以避免这种情况，侧面照过来的光线可照出部分油光，显得炖汤更美味。

▲ 利用原料和餐具点缀画面，将热汤的感觉衬托得很好

第13章
必须掌握的实用照片后期技法

本章扩展学习视频

1.VSCO 基本使用方法视频教学

2.Snapseed 基本使用方法视频教学

3.Snapseed 实战案例：打造赛博朋克风格的建筑照片

4.Snapseed 实战案例：操作有趣的分身照片

注意：如果扫码不成功，可尝试遮挡其他二维码。

后期处理对于手机摄影有多重要

很多使用手机摄影的朋友都不喜欢做后期效果，觉得不真实。其实摄影作为一种表达方式，表达的是个人的情感，通过后期的手段来让画面更好地表达自己的思想，属于对照片进行二次创作，也是数码摄影的乐趣之一。

⋀ 后期处理前　　　　　　　　⋀ 后期处理后

以上面展示的对比图为例，下面简单了解一下后期处理可为照片做哪些改变。

- 构图。发现一个精彩瞬间时，可能没有充足时间去调整构图，可以拍下这个场景，然后通过后期处理进行二次构图。可以看到，在对原始图像进行裁剪后，去掉了背景中的毛巾等杂乱元素，使主体更加突出。

- 影调。由于逆光拍摄，孩子面部曝光不足，所以，在后期处理中，增强高光，减少阴影，让画面呈现中高调。使本来欠曝的主体正常曝光，并且通过增强高光的方法，将背景的楼房完全过曝，让主体更为突出。

- 色彩。通过后期处理还可以对画面色彩进行调整。为了配合孩子的笑容，将画面风格向小清新靠拢。因此，适当降低饱和度，让色彩清淡一些。

通过上述后期操作，比较失败的照片变成了一张比较出彩的家庭亲子照。

虽然后期的作用很大，但也不能因为可以进行大幅度后期处理而不重视前期拍摄。正所谓"朽木不可雕也"，如果没有良好的前期拍摄作为基础，那么再强大的后期处理在某些方面也无法弥补，如欠曝、过曝造成的死黑和死白，再如因为对焦问题而造成的画面模糊等。

上述只是简单示范了如何通过摄影后期处理"挽救"一张废片。实际上，手机后期处理有很高的可玩性，例如，可以一键增加真实眩光，如右侧两张图展示。

⚠ 后期处理前 ⚠ 后期处理后

可以轻松更换照片的天空，如右侧两张图展示。

⚠ 后期处理前 ⚠ 后期处理后

可以将照片制作成为漫画效果，如右侧两张图展示。

⚠ 漫画效果 1 ⚠ 漫画效果 2

可以一键将照片转成为手绘或其他绘画风格图片，如右侧两张图展示。

⚠ 后期处理前 ⚠ 后期处理后

可以为照片更换背景，如右侧两张图展示。

⚠ 后期处理前 ⚠ 后期处理后

用 iPhone 自带的后期工具进行修图

目前 APPStore 中有很多非常好用的第三方后期 APP，导致 iPhone 自带的修图工具被很多人忽视了。但在使用后会发现，如果只是对照片整体的影调和色彩进行润色，其自带的修图工具已经完全够用，而且还具备其他第三方修图工具所不具备的功能。

快速了解 iPhone 后期工具的作用

在 iPhone 图片相册浏览想要进行后期的照片（见图 1），点击右上角的"编辑"按钮即可进入后期界面，如图 2 所示。下面介绍 iPhone 各后期工具的作用。

▲ 图 1

▲ 图 2

裁剪工具：在裁剪工具中，可对照片进行裁剪、旋转，并校正水平、垂直方向的畸变。

滤镜工具：在滤镜工具中，可以选择为画面添加不同色调的滤镜。

实况工具：如果处理的照片是在开启实况功能的情况下拍摄的，则可以通过该工具，在多个画面中选择一张画面内容最理想的照片。

图片调整：点击该图标后，可对画面进行多种参数的调整。以下图标均为在点击该图标后可以选择的工具。

自动处理工具：该工具可以让 iPhone 自动对照片进行修饰。

曝光：该工具可调整画面曝光。

鲜明度：该工具可使画面的高光和阴影部分出现更多细节。

高光：该工具可调整画面较亮区域的亮度。

阴影：该工具可调整画面较暗区域的亮度。

对比度：该工具可调整画面明暗反差。

亮度：该工具可对画面亮度进行调整。

黑点：该工具可让画面呈现暗调或整体泛白。

饱和度：该工具可调整画面色彩的浓郁程度。

自然饱和度：该工具可调整画面环境色彩的浓郁程度。

色温：该工具可调整画面色彩，使其偏黄或者偏蓝。

色调：该工具同样可以调整画面色彩，使其偏洋红或者偏青绿。

锐度：该工具可以让画面细节表现更清晰。

清晰度：该工具同样可以使画面更清晰，但会使画面的对比度发生变化。

噪点消除：该工具可以适当减少照片中的噪点，但画面锐度会下降。

晕影：该工具可为画面增加暗角或亮角。

掌握 iPhone 自带后期工具基本修图流程

在了解了 iPhone 后期工具的作用后，通过一个实例，掌握其基本修图流程。

1. 矫正画面畸变

点击修图界面右侧的 🔲 图标，可以对照片进行裁剪、畸变矫正等操作。点击后，iPhone 会自动矫正画面的水平和畸变，如图 3 所示。也可以点击界面右侧各图标，从而进行手动旋转及畸变矫正等操作。图 4 所示即为手动对画面进行旋转，调整水平。

◆ 图 3

◆ 图 4

2. 选择一个滤镜

点击界面右侧的 🔳 图标，可直接为照片添加滤镜，如图 5 所示。当然，如果不希望直接使用滤镜效果，也可略过该步骤，点击右侧的 🔳 图标，对画面进行手动调整，如图 6 所示。

◆ 图 5

◆ 图 6

3. 对照片进行细致调整

点击界面右侧的 🔳 图标之后，即可对照片进行色彩和影调的调整。点击 🔳 图标可让 iPhone 自动对照片进行修饰，但效果往往不能让人满意，因此需要进行手动调整，如图 7 所示。经过对亮度、色彩及锐度进行调整，其效果如图 8 所示。

◆ 图 7

◆ 图 8

怎样快速将照片调整成为不同色调

VSCO 来自著名色彩软件开发商 VSCO，该公司曾为 Adobe Lightroom 开发了超受大众欢迎的色彩插件 VSCO Film。VSCO 包含相机拍照、照片编辑和照片分享三大功能，但最为人们熟知的是能够快速将照片改变为其他色调的强大滤镜功能。

工作流程

许多人认为 VSCO 不好用，是因为没有了解其工作流程。

VSCO 的工作流程大致如下：拍摄或导入照片、选择使用滤镜、调整照片色彩、导出或分享处理完成的照片。其中最重要的是第一步，即导入照片，这是因为 VSCO 是一款内建相册的 APP，要处理照片先要将照片从系统相册中导入 VSCO 相册，操作步骤如下面的 3 张图所示。

❶ 单击右下角的"+"号

❷ 在系统相册中选择照片并导入

❸ 照片被导入 VSCO 相册并被选中

只有经过上述 3 步，将照片导入 VSCO 相册后，才可以继续按后面的讲解对照片进行后期操作。

> **提示**
>
> 处理后照片不会直接存储在手机的相册中，而是需要通过将照片以"保存在设备相册"的方式保存在手机相册中。但如果使用 VSCO 的内置相机拍摄的照片，则这些照片会直接保存在 VSCO 相册中，而非手机的相册中，这也是内建相册的 VSCO 与其他摄影 APP 的不同之处。

掌握调整照片色调操作方法

按前面的步骤导入照片后，即可利用 VSCO 丰富的滤镜库及强大的基础调整工具对其进行处理。下面通过实例介绍完整过程。

❶ 点击界面右上角的 "+" 号图标，添加需要处理的照片，如图 1 所示。

❷ 选中该照片，并点击界面下方的 图标，如图 2 所示。

❸ 在图 3 所示的滤镜选择界面中可以看到多种滤镜，点击任意滤镜，则其效果会直接应用于照片。

◈图 1

◈图 2

◈图 3

❹ 这张照片选择的滤镜编号为 "A5"，效果强度为 12（选择滤镜后默认强度即为 12），套用滤镜后的效果如图 4 所示。

❺ 对照片效果进行精细调整。点击界面下方的 图标，进行基础参数调整。将曝光减少 1.1、对比度提高 0.6，分别如图 5 和图 6 所示，画面表现更有质感。

◈图 4

◈图 5

◈图 6

⑥ 调整高光至 +10.0，让画面中明亮的部分有更多细节表现，而不是一片死白，如图 7 所示。

⑦ 调整色温至 −0.8 来校正画面色彩，色调增加 1.3 是为了让画面的视觉感受更温和，如图 8 所示。

⑧ 适当增加暗角至 +1.3 可以让使视线更集中，也会适当增加画面中的明暗对比，如图 9 所示。

⑨ 将锐化增加至 +3.1，让照片景物更细腻，如图 10 所示。

⑩ 回到处理界面，点击右上角的"保存"按钮将照片存在手机相册中，如图 11 所示。

△ 图 7

△ 图 8

△ 图 9

△ 图 10

△ 图 11

保存修图流程实现快速修图

在用 VSCO 完成一张照片的修图之后，可以将对该照片所做的所有修改，包括滤镜选择和基础参数设置保存为模板。从而在对其他照片进行修图时，如果也想实现类似的效果，可以直接套用之前保存的模板，以此提高手机后期修图的效率。

❶ 进入 VSCO 修图界面，选择一个滤镜，如图 1 所示。

❷ 点击该滤镜，可以对滤镜强度进行调整，如图 2 所示。

❸ 点击 ▦ 图标，进入基础编辑界面，如图 3 所示。

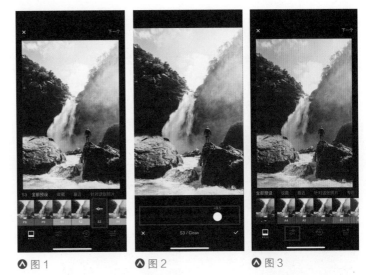

⊼ 图 1 ⊼ 图 2 ⊼ 图 3

❹ 选择"色调"工具，增加"高光"和"阴影"数值，以找回部分亮部和暗部细节，如图 4 所示。

❺ 选择"褪色"工具，适当增加该数值后，让图片呈现出一种 INS 风格，如图 5 所示。

❻ 点击界面下方的 ▣ 图标，如图 6 所示。

⊼ 图 4 ⊼ 图 5 ⊼ 图 6

❼ 在进入的界面中点击❶图标，将该张照片的处理步骤保存为模板，如图 7 所示。

❽ 当界面下方出现缩略图时，证明该模板已经保存，点击右上角的"下一个"按钮，即可将该照片保存，如图 8 所示。

❾ 重新导入 1 张照片，并进入修图界面。为了让其套用之前已经保存过的模板，所以点击❷图标，如图 9 所示。

❹ 图 7

❹ 图 8

❹ 图 9

❿ 点击界面下方套用了模板的缩略图，如图 10 所示。

⓫ 在进入的界面中，可以看到该照片已经套用了之前保存的修图步骤和参数。如果需要进行调整，可以再次点击❷图标，进入图片编辑界面；如果该效果没有问题，点击界面右上角的"下一个"按钮即可进入图片保存界面，如图 11 所示。

❹ 图 10

❹ 图 11

提示

通常情况下，不同的照片需要不同的后期方法进行处理，所调整的各个参数也绝对不会相同。因此笔者建议各位读者即便使用了之前保存的模板进行快速处理，也要对照片进行一些微调，从而在保证后期效率的同时也能保证后期质量。

怎样快速对人像照片磨皮、瘦脸、拉出大长腿

美图秀秀 APP 在国内已经风靡很久了，它的主要功能就是"美颜"。强大的局部美化及基础调整工具，能让照片呈现出更美的自己。

美图秀秀

工作流程

❶ 打开美图秀秀，可以看到最核心的两个修饰功能："美化图片"和"人像美容"，如图 1 所示。

❷ 点击"美化图片"按钮，画面跳转至手机相册，如图 2 所示。

❸ 选择需要处理的照片，进入美图秀秀的图片处理界面，如图 3 所示。

▲图1

▲图2

▲图3

❹ 界面下方的工具栏最右侧可以看到"去美容"按钮，点击后会跳转至"人像美容"处理界面。

❺ 在"人像美容"处理界面点击最右侧的"去美化"按钮，就可以跳转至"美化图片"处理界面，以此让两种处理功能无缝衔接。

掌握基础修饰功能

进入"美化图片"处理界面后，可以看到下方有各种美化工具，如图 1 所示。

❶ 智能优化：点击"智能优化"按钮之后，APP 自动识别照片内容，并进行美化，画面在亮度、对比度、饱和度等方面会有明显的优化，如图 2 所示。点击"编辑"工具则可以进行裁剪、调整画幅及矫正畸变操作，如图 3 所示。

⚠ 图 1

⚠ 图 2

⚠ 图 3

❷ 增强：点击"增强"工具，进入画面基础调整界面，进行对比度、饱和度、色温等一系列参数调整，如图 4 所示。

❸ 去美容：点击界面下方工具栏中的"去美容"选项，在新的工具栏中找到"磨皮"功能，如图 5 所示。使用"自动"磨皮，面部就变得细腻很多，如图 6 所示。

⚠ 图 4

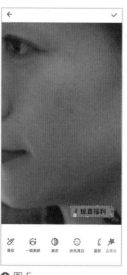
⚠ 图 5

⚠ 图 6

经过一系列的基础修饰后，一张有些暗淡的人像照片无论是光线的质感还是人物的表达都有了明显的改善，如图 7 和图 8 所示。

◉ 图 7 处理前

◉ 图 8 处理后

美妆、美白、瘦脸的操作步骤

美图秀秀作为以"美颜"为主要竞争力的 APP 当然少不了修饰面部的功能。下面介绍美妆、美白、瘦脸这三大核心功能。

美妆功能需要一张接近正脸角度的照片，否则该功能无法使用。准备好一张正脸的照片后就可以为自己上妆了。

❶ 进入"人像美容"处理界面，在下方工具栏中找到"美妆"工具，如图 1 所示。

❷ 点击进入美妆页面，可以分别对"唇彩""眉毛"及"眼妆"进行美化，如图 2 所示。选择一款唇彩，该效果就会被施加到人物上，就好像真的抹了这款唇彩后拍摄的一样，如图 3 所示。

◉ 图 1

◉ 图 2

◉ 图 3

❸ 选择"眉毛"选项，会出现不同的眉线画法，选择后，效果就会显示在照片上，看上去很自然，如图 4 所示。

❹ 选择"眼妆"选项，会为人物添加眼妆效果，如图 5 所示。

❺ 选择"五官立体"选项，会自动为面容添加高光区域，从而让面部看起来更立体，如图 6 所示。

▲图 4

▲图 5

▲图 6

上完妆，接下来进行美白和瘦脸。

❻ 回到"人像美容"主界面，在下方工具栏中找到"肤色美白"工具，如图 7 所示。APP 会自动对画面中人物的面部进行美白，美白效果也可以自行调整，如图 8 所示。

❼ 点击右下角的 ✔ 图标，回到主界面，选择"瘦身瘦脸"工具，通过"自动"模式，即可得到明显的瘦脸效果，如图 9 所示。

▲图 7

▲图 8

▲图 9

秒变大长腿的后期方法

除了可以对面部进行修饰之外，美图秀秀中还有对身形的修饰功能，下面通过"增高"这一工具介绍如何使用美图秀秀秒变大长腿。

❶ 打开"人像美容"功能，选一张"腿部"比较突出的照片，并找到"增高塑形"工具，如图 1 所示。

❷ 进入调整界面，选择"美腿"选项，会看到有两条白线，这两条白线中间的区域就是需要加长的部分。选择小腿的区域，如图 2 所示。

❸ 适当拖动下方的滑动条，如图 3 所示。注意控制拉长效果，不要太夸张。

⌃图 1

⌃图 2

⌃图 3

通过调整前后的对比，腿部明显变长了，身体其他部分不会受到影响，给人的视觉感受也比较真实，如图 4 和图 5 所示。

⌃图 4 处理前

⌃图 5 处理后

怎样深度调整照片曝光、色调、创意、特效效果

Snapseed 是一款功能强大的手机后期应用程序，可以看做手机移动端的 Photoshop。这个软件除了裁剪、对比度、饱和度、亮度调整、锐化等常见工具之外，还包含曲线、局部调整等高级编辑功能。

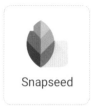

工作流程

❶ 打开 Snapseed，点击中间的"+"图标，可以添加需要处理的照片，如图 1 和图 2 所示。

❷ 进入编辑界面，下方会显示多种滤镜，如果之前用 Snapseed 编辑过图片，还可以直接点击"上次修改"选项来直接套用上次编辑后的参数，提高图片处理效率，如图 3 所示。

◉ 图 1　　　　　　　◉ 图 2　　　　　　　◉ 图 3

❸ 在下方列表中选择的滤镜效果会直接套用在当前图片上预览效果，每一款滤镜的特点都很明确，如图 4 和图 5 所示。选择好滤镜后点击界面右下角的 ✓ 图标即进入处理界面，如图 6 所示。

图 4

图 5

图 6

快速了解全部工具的作用

点击界面下方的“工具”按钮，在弹出的菜单中可以看到 Snapseed 的所有工具，如图 7 所示，下面介绍工具的作用。

❶ 调整图片：该工具包含亮度、阴影、高光等多个选项，可以对画面的亮度和色彩进行基础调整。

❷ 突出细节：该工具可以让画面细节更清晰，并强化结构感，通常应用于建筑、风光摄影后期。

❸ 曲线：该工具可以调节画面亮度和色彩，是使用频率很高的后期工具。

❹ 白平衡：该工具可调节画面色调或者营造主观色彩。

❺ 剪裁：该工具可以对画面内容进行裁剪，从而实现二次构图。

❻ 旋转：该工具可以对画面进行旋转，从而纠正画面歪斜的情况。

❼ 透视：该工具可以矫正画面的透视畸变，或者利用透视畸变实现特殊效果。

图 7

❽ 展开：该工具可扩展照片边缘处的画面，弥补前期构图的失误。

❾ 局部：该工具可以调整画面局部的亮度、色彩、结构等。

❿ 画笔：该工具同样可以调整画面局部的亮度和色彩，但其可以更精确地控制修改范围 。

⓫ 修复：该工具可以去除画面中的杂物，优化构图。

⓬ HDR 景观：该工具可以让明暗反差很大的画面同时保留暗部和亮部的细节。

⑬ ❖ 魅力光晕：该工具可以让画面的色彩更柔和，并且呈现出淡淡的光晕效果。

⑭ ◑ 色调对比度：该工具可以调整画面不同亮度区域的对比度。

⑮ ♠ 戏剧效果：该工具可以直接获得细节丰富或具有强烈艺术效果的画面。

⑯ ⬒ 复古：该工具可以将照片模拟为老照片的色调。

⑰ ▦ 粗粒胶片：该工具可以将照片模拟为胶片色调，并手动添加噪点。

⑱ ➴ 怀旧：该工具可以为照片添加漏光、刮痕等效果，从而模拟出一张老旧、破损的照片。

⑲ ❅ 斑驳：该工具可以为照片添加褶皱效果，同样可以让一张照片显得很有年代感。

⑳ ◪ 黑白：该工具可以将彩色照片转变为黑白。

㉑ ❋ 黑白电影：该工具可以将彩色照片转变为更具艺术感的黑白效果。

㉒ ◔ 美颜：该工具可以让人物皮肤更细腻、白皙，还可以让眼睛更明亮。

㉓ ☺ 头部姿势：该工具可以轻微改变人物头部的朝向，还可以通过调整嘴角来营造笑容。

㉔ ⊙ 镜头模糊：该工具可以对画面局部进行模糊处理，模拟单反相机拍出的"虚化效果"。

㉕ ▢ 晕影：该工具可为画面添加暗角或亮角。

㉖ ◉ 双重曝光：该工具可以将多张照片合成为一张，是利用 Snapseed 进行图片合成时的必用工具。

㉗ Tᴛ 文字：该工具可为照片添加文字。

㉘ ▣ 文字：该工具可为照片添加相框。

实战案例：打造赛博朋克风格的建筑照片

本案列讲解了如何使用 Snapseed 将常见的普通夜景照片处理成为具有科幻感觉的赛博朋克风格照片。扫描右侧二维码，可以观看操作视频。

实战案例：有趣的分身照片

本案例讲解了如何使用 Snapseed 将两张有同一人像的照片合成到一起，得到有趣的分身照片。扫描右侧二维码，可以观看操作视频。

如何将照片制作成精美音乐相册

通过将照片制作成为音乐影集，不但可以让照片以动画的形式播放，还能够添加背景音乐，以此更好地表达出照片所蕴含的情感。这种图片分享方式在朋友圈中已经屡见不鲜，其中较常用的 APP 就是美篇。

❶ 打开美篇 APP，点击界面下方的⊕图标，如图 1 所示。

❷ 在弹出的选项中选择"影集"选项，即可开始制作音乐相册，如图 2 所示。

❸ 完成照片选择后，美篇会自动生成一个音乐相册，并对所选照片进行展示，但该效果往往不能令人满意。为了能让动画效果贴近照片主题，所以，最好自行选择模板和音乐。在该案例中，由于是老同学在母校相聚的照片，所以，在"校园"分类中选择了"青春的记忆"这一模板，如图 3 所示。

⌃ 图 1

⌃ 图 2

⌃ 图 3

❹ 点击界面下方的"音乐"选项，即可在不同分类中选择合适的背景音乐。在该案例中，选择了"校园"分类中的"恍若年少"作为背景音乐，如图 4 所示。

❺ 如果有需要，还可以为每张照片加上文字说明。点击界面右下角的"照片"选项，点击"编辑字幕"按钮即可，如图 5 所示。

❻ 点击每张图片右侧的空白处即可撰写字幕。在此处长按文本框右侧的☰图标，即可更换图片及对应文字的位置。图片排列的顺序，即为音乐相册播放时照片出现的循序，如图 6 所示。

△ 图 4

△ 图 5

△ 图 6

❼ 图 7 所示即为音乐相册添加文字后的效果。当模板、音乐、文字都处理满意后，点击右上角的"完成"按钮即可。

❽ 在发布界面中，如果有特意准备好的相册封面，则可点击"更换封面"按钮，如图 8 所示。

❾ 点击"上传封面"按钮，即可添加封面图，如图 9 所示。

△ 图 7

△ 图 8

△ 图 9

⓾ 封面的比例是固定的，所以，需要选择封面图中最重要的部分进行显示。点击界面下方的"旋转"和"滤镜"选项，还可对封面进行简单编辑。图10所示即为添加滤镜后的封面效果。

⓫ 点击封面下方的 ✐ 图标，即可为该音乐相册添加标题，如图11所示。

⓬ 点击界面下方对应不同平台的图标，即可进行分享。也可点击左下角的"保存到相册"按钮，将其存储到iPhone"照片"中，如图12所示。

◈ 图10

◈ 图11

◈ 图12

除了通过"美篇"APP制作音乐相册外，一些小程序或者微信公众号，同样可以实现类似的效果。

图13所示即为"动态影集"公众号制作音乐相册界面。只需进入该微信公众号内，点击右下角的"制作相册"按钮，在弹出的菜单中点击"创建新相册"按钮，添加照片后，即自动生成图14所示的音乐相册。通过界面下方的选项，同样可以进行选择模板、背景音乐、添加文字等操作。

◈ 图13

◈ 图14

花式九宫格图与变装照

如果不会进行后期制作，那么天天 P 图绝对是您的福音。利用这款软件可以一键生成各种炫酷的后期效果，如下文将要介绍的花式九宫格和好玩的变装照功能。

天天P图

制作花式拼图

"凑够 9 张再晒图"已经成朋友圈中不成文的规定。好不容易凑够的 9 张照片，为了让它更炫酷一些，就可以使用"趣味多图"功能。该功能中可以选择不同的九宫格效果，而且当照片不是 1：1 时，还可以手动调整每一格所显示的画面内容，确保展示出的是照片最美的部分。

❶ 朋友圈里发布的有趣的心形九宫格照片

❷ 在天天 P 图中选择"趣味多图"功能

❸ 选择"9 图"后，再选择第一个心形九宫格选项

❹ 在相册里选择 9 张照片，然后点击"开始玩图"按钮

❺ 点击右上角的下载按钮，即可在相册中得到裁剪好的 9 张图

制作变装照片

"人靠衣装马靠鞍"，有没有想过自己穿上一身英国绅士装或者是军装、龙袍是什么气场？当然，我们可以去照相馆拍摄这类主题的照片，但通过天天 P 图这款 APP，动动手指就可以实现无限换装的效果。

需要注意的是，为了让换装的画面效果更真实，建议顺光拍摄自己的大头照，毕竟清晰的五官和均匀的光线适合绝大多数主题。

❶ 在天天 P 图中选择"疯狂变脸"功能

❷ 在模板选择页面选择一个变装主题模板

❸ 可以自拍，也可以点击左下角的相册图标，从中选择照片

❹ 点击右上角的"保存"按钮保存照片，也可以在下方按主题重选模板

怎样为照片添加样式各异的精美相框

VOUN 这款 APP 不仅可以为照片添加相框，还可以模拟出照片被打印装裱后，悬挂在不同墙面上的效果。而且相框样式繁多，并提供了丰富的细节调整选项，从而实现最理想的照片展示效果。

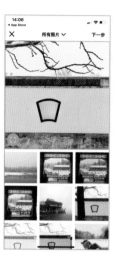

❶ 打开 APP 后，点击界面下方的"+"按钮即可选择需要添加相框的照片

❷ 点击"一切"按钮查看相册所有照片，点击"上次使用"按钮查看上次用的照片素材

❸ 预览选中的照片，如果合适，则点击右上角的对钩图标

怎样对照片版面进行设计增加照片调性

如果希望晒出的照片有不错的设计感，可以考虑使用"简拼"这款有大量拼图及封面模版的 APP。其操作简单方便、模板类型丰富多变，是文艺青年秀出格调的上佳选择。

❶ 打开 APP 后，点击界面下方的▣图标，即可进入拼图界面

❷ 点击界面上方的"拼接"选项，即可选择喜欢的模板

❸ 在添加照片后，同样可以快速实现富有设计感的画面

怎样通过添加各式文字让照片或可爱或文艺

　　"黄油相机"APP 的主要作用是为照片文字，其几乎将这件"小"事做到了极致。APP 提供了数百款正版字库，从可爱到简约，从中英文到日韩文。而且可以使用不同的文字模板，实现一键加字，从而使照片具有图像表意、文字传情的效果。

❶ 打开 APP 后，点击界面下方的◎图标，即可添加希望加字的图片

❷ 点击界面下方的"加字"选项，并选择"花字"，为照片添加个性文字

❸ 选择一种与画面风格相符的艺术字样式

❹ 点击添加的艺术字，即可编辑其内容

❺ 若在"加字"界面选择了"新文本"，则可以选择某种字体，并添加文字

❻ 黄油相机中有部分文字、模板、贴图需要付费购买才能使用

怎样为照片添加眩光、雨滴与雾气

　　LD APP 的可玩性非常高，不仅能够为照片添加各种类型的眩光，还能够通过添加雨滴、雪花、雾气来模拟不同气象条件下拍摄的照片。

❶ 从界面下方选择一种光效，并移动至合适位置；再次点击该效果，可进行详细设置

❷ 通过该 APP 还可模拟下雨天气

❸ 通过该 APP 模拟的浓雾天气

⌃ 使用 LD 为画面添加浓雾，营造朦胧美

怎样将照片打造成为复古风格海报

　　NiChi这款APP有别于其他APP的地方在于，其模板大多设计得比较简洁，并且有着浓郁的复古风，呈现出更有质感的视觉感受。

① 打开 APP 后，即可在丰富的模板中进行选择

② 添加照片后，模板会与照片自动匹配

③ 点击界面下方的◎图标，可以将贴纸添加到画面中

怎样让照片制作成为电影大片截图

　　"足迹"这款APP的特点在于加字幕功能，通过简单的处理，就可以让一张照片具有好像电影截图的效果。这款APP的模板、滤镜及贴纸也都有不错的效果。

❶ 点击界面下方的◎图标，即可添加需要处理的照片

❷ 点击界面左上角的"大片"选项，即可呈现电影的画面比例，并自动在画面下方添加字幕

❸ 点击"点击编辑字幕"按钮，即可选择自己喜欢的语句，或者是自行撰写字幕

光线摄影